"十三五"国家重点图书出版规划项目
海绵城市丛书

海绵城市
景观设计手册

Sponge City Landscape Design Handbook

GVL怡境国际设计集团
阎邱杰　编著

中国建筑工业出版社

图书在版编目（CIP）数据

海绵城市景观设计手册 = Sponge City Landscape
Design Handbook / GVL怡境国际设计集团，间邱杰编著
. —北京：中国建筑工业出版社，2020.1
　　（海绵城市丛书）
　　ISBN 978-7-112-25772-0

　　Ⅰ.①海… Ⅱ.①G… ②间… Ⅲ.①城市景观—景观
设计—手册 Ⅳ.①TU984.1-62

　　中国版本图书馆CIP数据核字（2020）第257180号

责任编辑：焦　扬　陆新之
责任校对：张惠雯

海绵城市丛书
海绵城市景观设计手册
Sponge City Landscape Design Handbook
GVL怡境国际设计集团
间邱杰　　编著
*
中国建筑工业出版社出版、发行（北京海淀三里河路9号）
各地新华书店、建筑书店经销
北京锋尚制版有限公司制版
天津图文方嘉印刷有限公司印刷
*
开本：787毫米×1092毫米　1/16　印张：18　字数：360千字
2021年7月第一版　2021年7月第一次印刷
定价：**178.00**元
ISBN 978-7-112-25772-0
　　（37024）

本书编委会

主　编

阎邱杰

副主编

彭　涛　　周广森　　曹景怡

编　委

刘颖圣　　吴若宇　　张　琪　　温梓均　　艾婧文

蒋若旻　　李佳雨　　崔文娟　　关晓芬　　蔡伟群

序　一

　　《中共中央关于制定国民经济和社会发展第十四个五年规划和二〇三五年远景目标的建议》中明确提出了今后"建设海绵城市、韧性城市"的任务，为广大从业者提出了明确的工作目标，根据全国 30 个海绵城市建设的试点经验，住房城乡建设部部署了系统化全域推进海绵城市建设的工作。当今，海绵城市建设已成为全社会的共识，但在实践中也发现许多源头减排的海绵设施建设粗糙，没有发挥应有的功能，与周围环境不协调，景观效果不好，从而直接影响了海绵城市建设的效果。

　　为贯彻落实中共中央生态文明建设和绿色发展理念，澄清海绵城市建设概念，深入、持续地推动海绵城市建设，本书作者倾心编著了此书，对常用的下凹绿地、生物滞留设施、植草沟、绿色屋顶、透水路面、生态树池、人工湿地、渗透池、渗管/沟/渠、沉砂池、湿塘等多项源头减排海绵设施的景观效果和做法——做了详细解释，并辅以案例说明，以便广大设计人员理解和使用。

　　本书作者多年来对海绵城市建设的景观效果进行了深入持续的研究，书中集成了国内外海绵设施建设的多项技术。设计思路清晰、案例丰富、图文并茂，通俗易懂，是一本难得的设计参考手册，适合海绵城市建设中景观、规划、建筑及相关领域的设计人员、学生等专业人员使用，对海绵城市感兴趣的人们也可从中获益，学到相应的知识。

　　海绵城市建设在我国是一种新生事物，需要设计者、建设者和管理者不断学习掌握相关的专业知识和技能。海绵城市建设的特点之一是多专业融合，由于项目景观效果的好坏直接影响了建设的效果，使得水专业与景观专业的结合尤为重要。因此海绵城市建设中要特别关注水专业和景观专业的融合，使海绵设施的设计结合自然，与环境相协调。做到这些需要在技术细节上下功夫，本书为读者提供了多种海绵设施水专业与景观专业结合的技术处理方法，对海绵城市相关领域的规划师、设计师、建设者、管理者具有很好的参考价值，故乐意将此书推荐给海绵城市的设计人员、工程管理人员和高校师生，特别是一线的工程师们。期待本书在推动海绵城市持续建设和城市更新行动中发挥积极的作用。

"海绵城市丛书"主编
中国水协海绵城市建设专业委员会委员
2020 年 12 月

序 二

过去传统的城市建设方式，往往削山平谷、填埋水系、大面积硬化、过度开采利用水资源，从而对城市化地区的水文特征产生不可逆影响，导致水生态破坏、水环境恶化、水资源短缺、水安全威胁、水文化消失，成为我国快速城市化进程中日益突出的顽疾。党的十八大以来，在习近平生态文明思想的指引下，城市规划建设方式的生态短板得以补齐，突出方式之一正是建设海绵城市。

海绵城市是传承中国传统治水智慧、借鉴国际城镇化发展经验的新理念，是新时代城市生态文明建设和绿色发展方式。究其实质是通过加强城市规划建设管理、灰绿措施相结合，充分发挥建筑、道路、绿地和水系等系统对雨水的吸纳、蓄渗和缓释作用，在城市区域实现自然积存、自然渗透、自然净化，尽可能修复城市开发建设对自然水循环的不利影响。海绵城市建设倡导保护优先、灰绿结合、蓝绿交织、水城共融，可以有效改善城市生态环境，提升城市防灾减灾能力，扩大优质生态产品供给，让人民群众有获得感、幸福感，为促进"城市、人、水"关系，实现高质量发展、绿色发展提供了中国解决方案。

海绵城市建设是牵涉多部门、多专业的系统性工作，知易行难，笔者在推动过程中深感融合推进的重要性。一是融合入城市发展战略，与城市特点、发展阶段、发展重点结合起来推进，如深圳将海绵城市指标纳入城市国土空间规划，与18个市重点建设区域、更新改造单元同步规划设计建设；二是融合入各部门日常工作，和各部门职责、重点工作方向结合起来协同推进，如绿色建筑、零碳工业园区、集约型绿地、生态道路建设等；三是融合建设项目管理全过程，通过标准体系、激励等政策机制的构建，建立设计、施工、监理、运维全过程的诚信实施机制，让建设项目"+海绵"落到实处；四是融合到各专业工作中，总图、建筑、竖向、给排水、景观、结构要交互设计，才可能形成协调的方案；五是融合到市民生活中，特别是老城区，要切实结合老百姓的需求，解决老百姓身边的"黑臭水体、内涝积水"等问题，如梅林中康社区梅丰公园建设过程中，业委会和社区居民代表全程参与前期构思、方案的研讨和选择，成为了谷德设计网2020年最受欢迎的24个景观作品之一。

在融合推进过程中，笔者深深感到海绵城市建设项目，特别是地块类的源头海绵设施，应该兼顾功能和景观，尽可能采用自然或仿自然的工法，减少后期运维，才能具备长效生命力。而建设实施过程中，因设计方案、施工过程、运维过程、植物选择和搭配等各环节的原因，海绵设施落地实施效果往往不尽如人意。

庚子年末，欣闻怡境国际设计集团间邱杰及其团队针对这些痛点问题编著形成《海绵城市景观设计手册》一书，更受邀提前一睹，深感荣幸。该书结合怡境国际设计自身长期的工程实践，结合国内外典型案例，提炼整编而成，既有总体的技术框架，又有主要设施的设计、结构、维护、植物搭配的要点，从景观设计的角度较好地剖析了海绵设施建设的关键要点，衔接了各相关专业，图文并茂，是不可多得的一本理论联系实践领域的设计参考手册。

很荣幸在深圳海绵城市建设融合推进的过程中，结识了一大批良师益友，获益良多，在此深表感谢！也期望在深圳继续推进"全部门政府引领、全覆盖规划指引、全视角技术支撑、全方位项目管控、全社会广泛参与、全市域以点带面、全维度布局建设"的海绵城市建设过程中，搭建好平台，和大家一起为粤港澳大湾区建设、深圳中国特色社会主义先行示范区建设贡献自己力量。

深圳市城市规划设计研究院有限公司副总工程师
中国水协海绵城市建设专业委员会副主任委员
2020 年 12 月

前　言

　　我国提出海绵城市理念至今已经 7 个年头了，全国各地进行了大量的海绵城市建设实践，完成的项目数以万计，但是几乎没有哪个项目能够进入大众的视野，成为大众关注的话题。可以说，海绵城市的建设是缺少亮点的。究其原因，我们不难发现，海绵城市作为城市景观中的一个显性元素，其工程化的外表是让人难以接受的。如何改变这种现状？通过大量的研究和实践，我们发现海绵城市并不是一个单一的专业，而是需要由多个专业彼此协同才能完成的，尤其是要和景观设计结合。于是，我们率先提出了"海绵景观"这一概念，即利用景观专业的设计手法与排水技术的有机结合，形成具有生态功能及外观的多维度特色景观，以达到海绵城市外观美化的作用，使海绵城市不仅能实现雨水管理的功能，同时还能作为城市的优质生态景观。我们一直以来都想编写这样一本书，将"海绵景观"的理念和实践中的技术经验沉淀下来，通过书册传播给更多的人，帮助读者更好地进行海绵城市设计实践以及研究。

　　本书是一本理论联系实践领域的设计参考手册，是关于海绵城市与景观设计相结合的探索，也是一部深入研究海绵设施技术与应用的技术集成。本书适合海绵、景观、规划、建筑及相关领域的设计师、学生和从事实践的专业人员，以及对海绵城市感兴趣的人们参考和查阅。本书将成为海绵城市相关领域设计师案头必备的参考书籍，也可以作为深入研究海绵城市领域的目录书籍。读者也可以添加"GVL 怡境生态"微信公众号，以获得海绵景观方面持续更新的信息。

　　本书采用"蜜蜂采蜜"式的编写方式，集百家所长。在自然界中，一只蜜蜂大约要采集 1000 朵花，才能装满自己的蜜囊，这样也仅有 70～80mg 蜂蜜，因此获取具有极高营养价值蜂蜜的秘诀就是海量的采集。我们的编写团队将上百册全国各地以及国际上各国的各类海绵城市规范、技术手册、专业书籍等进行阅读整合，从中提取有价值的技术，通过富有实际项目经验的设计师进行筛选和甄别，配合自身的实践经验，编写成本书，使之更加符合我国国情。本书提供的大多数技术图纸和案例都是来源于笔者自己设计的实际项目，经过实践验证，真实可靠，落地性强，避免了拿来主义、空想主义的弊端。

　　另外，我们在编著本书时非常注意对概念、定义的梳理。目前，国内外关于雨水管理的名词、术语并没有统一的规范，造成在实践过程中概念常常混淆，产生误解，不利于海绵城市的推广。因此，我们团队花了很大的工夫，通过将海量的资料进行整合和论证，梳理出一套最适合目前我国海绵城市建设现状的名词定义和解释。这样有利于读者对于海绵城市技术的理解，便于交流与传播。

本书结构分为"总—分"两个部分，总体框架篇讲述海绵城市景观的理论以及设计过程。读者可以在这个部分了解到海绵城市系统构建的原理、框架以及设计方法和设计流程。设施标准篇分为18章，囊括了18种常用的海绵设施具体设计手法、参数以及选择考量因素等。我们按照设施的使用频率进行前后排序，每章单独介绍一种海绵设施，每一种设施包括定义、选址与布局、结构与做法、景观因素考量、植物筛选与配置、运营与维护六大类，读者可以把这部分作为常用的参考资料。同时，本书还尝试将景观因素的考量融入每个环节，努力实现海绵城市技术与景观设计艺术的融合。

最后，感谢中国建筑工业出版社焦扬女士的热情邀请和信任，感谢GVL怡境国际设计集团总裁彭涛先生对于编撰工作的鼓励和支持。同时，感谢怡境国际设计集团研究中心的周广森、曹景怡在编写过程中付出的艰苦努力及巨大贡献，还要感谢参与此书编撰工作的团队成员，详细名单请参见编撰名单页。通过大家不断的热烈商讨、数易其稿、校审后才有了目前的成果。感谢读者朋友查阅本书，尽管我们已经尽力，但难免有不够令人满意的地方，希望读者给予指正，我们会在再版时订正错误。

闾邱杰

2020年5月初夏于深圳

目　录

总体框架篇

1 总体框架概述

图 1-1　西咸新区沣河生态公园海绵景观
（图片来源：GVL 怡境国际设计集团）

1.1　现状

国内全面的海绵城市建设自 2015 年正式启动，经过宣传和推广，海绵城市概念渐渐走进民众的视野。截至 2020 年需要实现第一阶段的海绵城市试点城市建设目标，即城市建成区 20% 面积需要建设为海绵城市，这无疑是一个非常宏大的目标（图 1-1）。因此最近几年海绵城市项目便如同雨后春笋一般涌现出来，全国各地在海绵城市领域中投入了大量的资金和人力，但能够给人留下印象的海绵城市标杆项目却屈指可数，这与民众期待的海绵生态城市的预期差距较大。究其原因，主要有三个方面的问题。

（1）目标单一、缺乏美感

由于海绵城市建设的核心原理主要涉及水利学、给水排水等理工类学科，导致海绵城市在建设过程中过分重视上位规划的雨水调节与净化等功能指标，从而忽略了海绵设施的外观设计、美观等要求。在实践过程中，设计团队为了实现海绵城市规划的指标目标，往往在项目场地内生硬地填充各种标准化的海绵设施，破坏了原有景观空间的设计形态，导致景观美感、品质降低。

（2）经验不足、专业度差

由于海绵城市在中国开始建设的时间不长，没有太多经验的积累，大多数的海绵城市项目都是依托于景观设计项目为基础，而景观设计专业又缺少海绵城市方面的专业水文水利知识，在方案设计层面上没有有效融合海绵技术和理念。后期施工图设计过程中则直接引用国家和地方的海绵规范标准图集，对当地水情缺乏分析，选择的海绵设施也缺乏针对性的景观优化设计，一方面导致雨水管理效果单一，另一方面存在设施结构裸露，材料选择单一，植物生长不良等现象，导致景观效果差。

（3）分工不明、缺少联动

目前海绵城市的建设仍以水利学、给水排水等单一学科为主，和其他专业连接、互动的模式较为少见。尤其是在城市建成区这样复杂的用地条件下，这种单一专业建设模式很难实现项目的多重目标。在实际建设过程中，由于没有主要专业主导协作，海绵城市的实施涉及多个专业及主管部门的交叉协调工作，后续海绵城市落地性面临多重挑战。例如：海绵城市排水专业和景观专业的交叉、市政管线与海绵设施的交叉、汇水范围与用地红线的交叉、海绵设施运营与城市绿化管理的交叉等。如果缺少专业之间的沟通、交流、衔接、协调的机制，很难实现多方共赢的真正生态的海绵城市。

除了以上三个问题之外，导致海绵城市建设效果不佳的，还有一个根本问题，即不合理、不科学的海绵城市设计方式。

目前国内海绵城市设计大致可以分为两种方式，一种方式为委托专业的海绵城市咨询机构做海绵专项设计，通过水利、排水技术优先的方式构建海绵系统，并为景观设计师提供各项海绵设施的设计参数，帮助景观设计师在设计过程中融入海绵设计（图1-2）。但在实践过程中，由于两个专业侧重不同，往往出现海绵咨询机构与景观设计公司"专业打架"及整体融合度不足的问题（图1-3）。海绵咨询机构不了解景

图1-2 海绵景观设施的道牙（曹景怡 摄）

图1-3 某海绵小区生物滞留池（阎邱杰 摄）

观设计师构建空间的意图及美学原则，同时，景观设计师也难以理解海绵城市咨询机构涉及雨水管理系统的原则和逻辑以及调整的余地。导致景观设计师为了满足指标的要求，生搬硬套海绵设施方案，形成海绵设计与景观设计脱节的情况，不仅破坏了原来景观设计的空间层次，还导致海绵设施外观简陋单一、趋于工程化的问题。最后建设出来的海绵城市项目必然出现植物长势不佳、空间形式单一、景观品质下降的现象。

另一种海绵城市设计方式是由景观设计单位独立完成（图1-4）。在获得本地区海绵城市设计指标要求后，由于景观设计师大多都没有受过水利学、给水排水方面的专业知识学习，往往只能凭自己对海绵城市的粗浅理解做简单的计算，然后照葫芦画瓢式地在景观布局中随意加入海绵设施。可想而知，这种方式下，由于没有经过科学严谨的计算，没有经过对降雨、径流、流量、土壤特征、超标排放等的分析，实际上就是在做有名无实的海绵概念。同时，由于设计师对实际海绵城市汇水分区划分、系统雨水流线设计和海绵设施功能运作等缺少系统理解，项目实施后，雨水不能被有效地收集、利用及管理，难以满足主管部门制定的海绵城市目标，无法发挥海绵城市建设有效的雨洪管理功能，并造成后期海绵项目的失败以及验收不合格等严重后果，甚至需要进行返工拆除重新设计，造成时间和经济的巨大浪费。

图1-4 海绵景观是城市排水的生态补充和增强
（图片来源：GVL 怡境国际设计集团）

1.2 概念

针对目前海绵城市设计出现的种种问题，我们认为必须打破现有的海绵城市设计方式，寻找更合理的设计管理模式才能解决问题。因此我们提出"海绵景观"的概念，即海绵城市与景观设计深度结合的生态化多功能景观。

实现"海绵景观"设计目标的关键，即使海绵城市融入景观设计的全过程，使两个专业形成水乳交融、合二为一的状态，因此，需要搭建一种新的设计团队架构，吸纳多专业人才，以此作为基础，为此，我们提出了生态总控的设计管理策略，就像一场交响乐团的演奏，生态总控就是乐团指挥，有明确的设计目标，知晓各个专业的优势及专业边界，协调、整合各个专业的资源，从而科学、合理地设计出具有美学价值的海绵景观（图1-5）。

生态总控通常由一位资深的设计师担当，该设计师需要具有丰富的景观设计方面项目经验，又懂得生态设计的方式与原理，能够全面协调海绵咨询团队、景观专业、给水排水专业、绿化植物专业、建筑专业、材料设备厂商等。有生态总控的设计管理模式将具备以下几种优势：

① 海绵城市融入景观设计方案之中，实现项目的生态可持续性；

② 景观专业对海绵系统和设施结构进行二次优化设计，使其既能满足海绵指标，又能景观化处理海绵设施；

③ 海绵设施是对市政排水设施的增强和补齐，可帮助缓解市政雨水管网压力；

④ 引用耐受性较强的海绵植物，多重净化径流污染，丰富的植物组合可增加生物多样性（图1-6）；

⑤ 协调建筑绿色屋顶和雨水立管断接设计，源头控制雨水径流；

⑥ 采用高科技、高品质透水材料和净化蓄水设备，实现高效雨水控制与景观品质相结合的效果。

图1-5 生态总控与各专业间关系

图1-6 海绵植物景观的多样性设计（周广森 摄）

生态总控需要统筹多部门、多专业进行海绵城市设计，对于社会科普展示、景观低能耗维护、最优化造价成本、可持续经济效益等都将产生极大的价值。将海绵城市雨水调蓄功能与景观设计手法相结合，实现生态可持续发展的项目开发模式。这种开发模式有效解决了工程化海绵城市建设的弊端，从设计全阶段介入到海绵系统功能与景观结合，根据景观项目类型需要和造价要求二次优化海绵设施，利用多种景观材料和设计手法，创造优美实用的海绵景观。通过这种方式建设的海绵城市更容易被民众认可和接受，是未来生态景观发展的方向。

1.3 原则

海绵城市设计不是一大堆设施的堆砌，而是具有一定选择逻辑的海绵设施串联系统。基于系统思维的多设施选择，强调设施功能和效果对比筛选。根据实际项目类型的需要，确定海绵城市系统组合方式。强调景观美观性和功能性的有机结合，在设施形态设计、材料选择、植物搭配和结构形式上进行深化设计，适当利用新技术、新材料，达到科普展示与景观功能相结合的效益（图 1–7）。

海绵景观设计需要遵守的六大原则：功能性、系统性、在地性、美观性、科普性、安全性。

1.3.1 功能性（实现雨水管理功能）

海绵城市是利用可调蓄海绵设施或透水材料控制或降低场地雨水径流的一种雨水管理模式，从源头解决城镇化带来的雨洪内涝和径流污染等一系列问题，使城市在应对内

图 1-7 深圳光明文化艺术中心绿色屋顶景观
（图片来源：GVL 怡境国际设计集团）

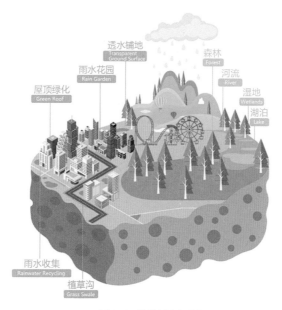

图 1-8　海绵城市概念图

涝灾害时具备良好的"弹性",下雨时从源头控制雨水,干旱时对雨水资源进行回收利用(图 1-8)。

海绵指标确定要统筹考虑上位规划目标和当地海绵城市相关导则,根据项目地块和类型确定场地内海绵城市年径流总量控制率和雨水径流污染物去除率两大强制性指标。海绵设施组合规模总量上需要满足海绵城市的目标值,当建设项目内需要结合建筑、路网、地形的分割等复杂情况划分多个汇水分区时,每个汇水分区内的雨量控制都应达到海绵城市控制目标要求。结合场地各项因素实现水生态、水资源、水安全、水文化目标,合理地划分汇水分区,可以达到小雨不积水、大雨不内涝、水体不黑臭、热岛有缓解的良好状态(图 1-9)。

(1)年径流总量控制率(%)

年径流总量控制率指标是指通过自然和人工强化的渗透、集蓄、净化等方式控制城市建设下垫面的降雨径流,场地内累计全年得到控制的年均降雨量占年均降雨总量的比例。

按此定义,年径流总量控制率=(全年不直接外排雨量/年均降雨量)×100%。

简单理解为统计多年日降雨量、控制单次降雨的数值满足累计得到全年控制雨量占全年总降雨量的百分比。理想状态下年径流总量控制率应达到开发前自然地貌的径流排放量。利用暴雨强度公式,可以计算不同重现期不同降雨历时的对应雨量。一般新建项目年径流总量控制率宜在60%~90%之间。年径流总量控制率与其对应的设计雨量以深圳市为例,如图 1-10、表 1-1 所示。

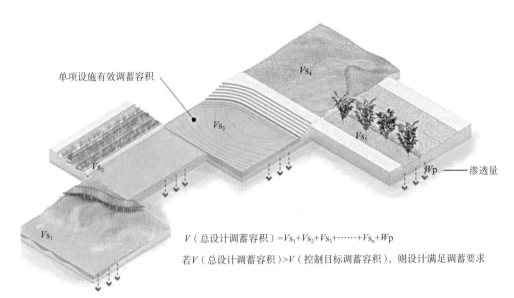

V（总设计调蓄容积）$=Vs_1+Vs_2+Vs_3+\cdots\cdots+Vs_n+Wp$

若V（总设计调蓄容积）$>V$（控制目标调蓄容积），则设计满足调蓄要求

图1-9　海绵城市各项设施应满足指标要求

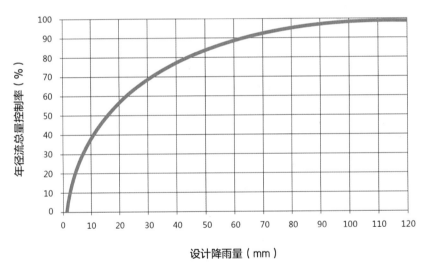

图1-10　深圳市年径流总量控制率与设计降雨量关系图

深圳市对应设计降雨量数值表					表1-1
年径流总量控制率（%）	50	60	70	75	80	85
设计降雨量（mm）	16.9	23.1	31.3	36.4	43.3	52.2

（2）污染物去除率

雨水径流冲刷带来一系列的水资源污染，主要的污染指标包含悬浮物（SS）、化学需氧量（COD）、总氮（TN）、总磷（TP）等，由于径流污染中SS一般会和其他污染物指标呈一定相关性，因此，城市径流污染物去除计算一般采用SS作为控制指标。年悬浮物总量去除率＝年径流总量控制率 × 海绵设施对悬浮物的平均去除率。不同的海绵设施去除污染物的效率不同，因此海绵设施的悬浮物平均去除率应通过各设施去除率加权平均而得。污染物去除率一般在40%～80%之间（图1-11）。

图1-11　海绵设施去除污染物原理

（3）其他非强制性指标计算

下凹绿地率＝下凹绿地面积/绿地总面积，一般下凹绿地率对应的汇水面积，为硬化汇水面积的 7%～15%。

透水铺装率＝透水铺装/铺装总面积，一般透水铺装率宜在50%左右，其中人行道及广场透水铺装率宜占比70%以上。

径流系数比＝（下垫面面积1 × 径流系数1+ 下垫面面积2 × 径流系数2+…）/总面积。

每个城市区位、下垫面及雨型等都不一样，以上控制指标可根据实际场地不同的排水防涝情况、海绵城市规划控制导则要求进行适当调整优化（图1-12）。

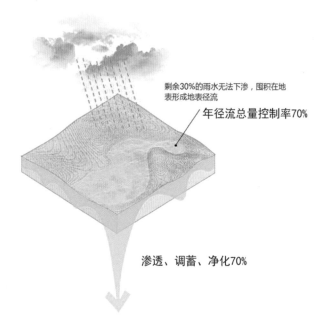

剩余30%的雨水无法下渗，囤积在地表形成地表径流

年径流总量控制率70%

渗透、调蓄、净化70%

图 1-12　海绵城市年径流总量控制率原理

1.3.2　系统性（海绵设施选择的逻辑）

海绵设施选择应根据项目场地内各项条件进行筛选，主要体现两个维度，即雨水管理系统和景观空间系统（图 1-13）。雨水管理系统在筛选设施时应考虑不同的场地下垫面类型，如道路、广场、主要绿地、附属绿地、建筑屋顶、水体等下垫面，针对性地选择适合本场景的海绵设施。原则上选择的海绵设施应就地削减或调蓄雨水径流，保证所承担汇水分区雨水的有效汇入，满足对应汇水分区雨水总量控制。单一的海绵设施具有特定雨水管理功能，如调蓄、下渗、污染物控制等多个目标要求，这就需要在设施选择上搭配不同的设施，连接组成雨水管理系统，以满足海绵城市不同的指标要求。海绵设施选择应满足景观性、适用性和经济性来灵活组合成海绵系统（表 1-2）。

从景观空间系统的维度去筛选海绵设施时，应更加注重其所在景观场景的适应性，从平面布局的方式到竖向关系的串联，下凹海绵设施在满足一定容积情况下在平面布局设计中可以选择多种形状，紧贴景观设计中的造型元素进行融合设计。筛选海绵设施时需要注意以下几点：

①下凹海绵设施平面布局结合周边景观元素，对应三角、折线、曲线、圆形都可以作为下沉式绿地出现；

②在高差较大景观场景中，应多选择传输型海绵设施，引导雨水径流传输到地势低洼的调蓄型海绵设施内；

③大面积硬质铺装项目中，仅仅通过设置透水铺装以及少量绿地不足以消纳大

图 1-13　海绵景观雨水管理系统与景观系统融合
（图片来源：GVL 怡境国际设计集团）

海绵设施系统选择表　　　　　　　　　　　　　　　　　　　表 1-2

设施名称	雨水管理系统		景观空间系统		污染物去除率（以 SS 计，%）
	径流总量控制	雨水净化	景观性	经济性	
下凹绿地	★	△	★	★	—
生物滞留设施	★	★	★	△	70～95
植草沟	●	●	●	★	35～90
绿色屋顶	★	★	★	△	70～80
透水铺装	★	★	★	★	80～90
生态树池	★	★	★	△	70～95
人工湿地	★	●	★	△	50～80
湿塘	★	●	★	★	50～80
生态旱溪	★	●	★	●	35～70
高位雨水花坛	★	★	★	△	70～95
生态停车场	●	★	★	★	80～90
植被缓冲带	△	●	★	★	50～75
生态驳岸	△	●	★	●	50～75
渗透池	★	●	△	●	70～80
生态浮床	△	★	★	△	50～80
雨水储存设施	★	★	—	△	80～90
沉砂池	●	●	△	●	40～60
渗管、渗渠	★	●	●	●	35～70

注：1 ★——强，●——中，△——弱；
　　2 SS 去除率数据来自美国流域保护中心（Center for Watershed Protection, CWP）的研究数据。

量的雨水径流，为满足景观需要，可在地下设置渗透池、渗透井、生态水池和地下蓄水箱等海绵设施；

④ 景观中轴或重要节点，宜选择景观效果较好的复杂型海绵设施，通过细节设计和丰富的植物营造良好的景观效果，人流密度较低的区域则更侧重海绵设施的雨水功能性；

⑤ 当项目中有设计水景时，应与海绵设施进行系统串联，利用收集的雨水补充景观用水，实现可持续的雨水资源回用。

1.3.3 在地性（根据场地特点进行设施选择）

项目类型的不同会限制各种海绵设施应用方式，如市政广场、商业街绿地面积较小，绿色基础设施难以满足海绵城市功能及景观需求，可选择透水铺装、渗透池、地下蓄水箱等灰色设施进行设计。在有地库顶板和没有地库顶板的区域，海绵设施需要考虑不同的下渗方式，对于下渗条件不足的场地，设计通过下设渗管结构让净化后的雨水优先进入地下蓄水设施中进行收集及回用。项目造价成本较低时，宜选择造价较低的下凹绿地、植草沟、碎石渗透池等简易型海绵设施代替地下蓄水设施和排水沟渠，植物应选择耐淹、耐旱、低维护的观赏类品种，以减少后期维护成本（表1-3）。

在雨水流线设计中，雨水径流从屋顶、地面铺装、绿地、雨水管网四个阶段都可以融入海绵设施进行在地性组合，这就要求海绵设施在不同的场地条件下合理选择进行设计。如屋顶采用绿色屋顶或者雨水立管断接，铺装选择透水铺装，绿地选择调蓄类下凹绿地、雨水花园等，雨水管网连接地下蓄水箱。

1.3.4 美观性（满足场地景观效果的需求）

海绵设施作为城市景观中的一个重要元素，不仅要起到雨水管理的作用，更重要的是要能够与周边的环境融合，实现海绵设施景观化的效果（图1-14～图1-17）。但是，目前在大多数的参考资料中，海绵设施的施工图集只聚焦在排水技术本身，缺乏对于景观美学的考量，导致海绵设施失去了审美价值。根据场地景观需要，可以在平面布局上选用椭圆形、方形和曲线形等常规形状，同时，还可以采用三角形、肾形、折线形等平面布局来对应特定的景观场景，在满足面积、容量等条件下，形状可以更加自由、多变。

海绵城市的景观效果离不开精心的植物设计。雨水储存在下凹海绵设施内经过48h下渗，土壤渗透系数较大，旱季难以保存水分和养分，雨季会有积水现象，对植物选择要求性较高。因此，海绵设施内植物选择品种要具备抗旱、耐淹、耐贫瘠和耐污染特性，即海绵城市的植物品种应有别于正常景观植物，才能达到长势较好效果，多种海绵植物搭配结合营造独特的生态海绵植物景观。

设施在地性选择表 表1-3

海绵功能	设施名称	用地类型			
		建筑与小区	城市道路	绿地与广场	城市水系
传输技术	植草沟	★	★	★	★
	生态旱溪	●	★	★	★
	渗管、渗渠	●	★	★	△
调蓄技术	下凹绿地	★	★	★	★
	生物滞留设施	★	★	★	●
	生态树池	●	★	★	△
	高位雨水花坛	★	△	●	△
	湿塘	★	●	★	★
	雨水储存设施	★	△	★	△
渗透技术	透水铺装	★	★	★	★
	生态停车场	★	★	★	★
	绿色屋顶	★	△	△	△
截污净化技术	渗透池	★	★	★	△
	渗管、渗渠	★	★	●	△
	人工湿地	●	●	★	★
	生态驳岸	●	●	★	★
	植被缓冲带	★	★	★	★
	沉砂池	★	★	★	●

注：★——宜选用，●——可选用，△——不宜选用。

图1-14 深圳光明文化艺术中心石笼挡水坎
（图片来源：GVL怡境国际设计集团）

图1-15 深圳光明文化艺术中心展示型雨水花园景观
（图片来源：GVL怡境国际设计集团）

图 1-16 雨水花园与镂空步道景观（闾邱杰 摄）

图 1-17 特殊道牙与石笼组合的生物滞留池景观
（图片来源：https://www.richezassocies.comenproject61a-
landscape-for-le-havre-grand-stade）

复杂型海绵设施底部含有过滤和收水材料，其土壤粗砂占比较大，土壤肥力较少，相对表层植物种植密度产生不良影响。同时为了避免漏土，表面会增加 30～80mm 厚度的覆盖层，如景观效果较好的松树皮、卵石、碎石、洗米石等材料。

在下凹海绵设施中为避免暴雨带来的内涝，通常会设置雨水溢流井。国家规范标准中的溢流井尺寸较大，可以放置在远离景观视线区域，利用相对高的植物遮挡，或者对溢流井进行二次优化设计，如设置为侧壁式隐藏溢流口。

下凹海绵设施还可以与景观台阶、石笼、生态护坡等结合设计，优化景观形态。

透水铺装中常见的人行透水砖表面粗糙、抗压性较差，其景观品质和市民体验感不佳。现阶段有许多高品质仿石材的透水材料，其应用效果与天然石材接近，兼顾雨水下渗及美学功能，可增强海绵城市的景观效果。

1.3.5 科普性（让更多的人了解海绵）

海绵城市的建设具有极大的生态效益、经济效益和社会效益，为了让更多的市民了解什么是海绵城市，在设计过程中应着重考虑其展示和科普功能，例如在市民游览路线上设置科普海绵城市运作原理的展示牌，通过简易流程图、雨水净化原理剖面图等可视化展板和互动装置，来展示雨水调蓄和净化的过程，生动形象地宣传海绵城市生态技术理念。也可以从雨水资源收集净化可缓解热岛效应、净化城市水环境、增加可持续经济效益等方面进行推广宣传（图 1-18）。

以设计专门的海绵结构模型装置或通过剖切海绵结构等一系列直观的展示方式进行展示。如在雨水资源回用系统中设置互动式装置，通过按压、转动等方式抽取雨水进行互动，使市民体验式了解雨水的收集、净化和回用等价值（图 1-19）。结合当地水文化的元素，制作系列雕塑或装置进行海绵城市科普展示设计，进一步推广海绵城市价值理念。

图 1-18　海绵城市原理展示牌设计（周广森 摄）　图 1-19　澳大利亚某公园雨水互动设施（闫邱杰 摄）

1.3.6　安全性（考虑对人的影响）

海绵设施具有多种空间表现形式，其下凹深度也有较大差别，为保证市民的使用安全应注意以下几点安全性原则。

① 下凹 100～300mm 的植草沟和下凹绿地位于人行道路旁边时要预留足够的安全距离，避免行人踏空产生安全隐患，考虑到为垃圾桶、路灯、乔木提供足够的空间，建议海绵设施距离道路广场边线至少 800mm 以上。

② 当海绵设施的下凹深度超过 500mm 时，雨水积蓄会有溺水的隐患，可以在海绵设施周边设置围栏或者植物群落进行安全保护，也可设置安全警示牌（图 1-20）。

③ 植物配置设计应注意对市民安全的影响，选择的植物品种应无毒、无刺，其生长高度宜控制在 1.2m 以下，有助于形成安全的视线空间。有些项目在选用满足海绵植物特质的芦荟、虎皮兰等尖刺类植物，此类品种对市民造成安全隐患，不建议在公共场所应用。

海绵植物的耐受性应高于普通景观植物，需具备耐旱、耐淹、耐贫瘠等特质（图 1-21）。

图 1-20　较深的下凹海绵设施周边放置安全网墙　图 1-21　特殊品种的观赏草满足海绵景观植物需求
（图片来源：https://www.pinterest.com/pin/5981411986954182/）　　（图片来源：GVL 怡境国际设计集团）

1.4 设计流程

海绵城市景观设计大致可依照图 1-22 所示的设计流程进行。

（1）项目启动初期应收集和分析必要的海绵城市基础条件，包括但不限于水文气象、地形、土壤地质、地下水、排水管网等数据资料，确定各项限制问题，着重分析海绵城市对景观的影响程度。

（2）根据国家及地区海绵城市规划设计要点（要求）等设计依据，确认项目所在区位的年径流总量控制率、污染物去除率等指标，明确海绵城市设计目标，并提出针对性的海绵景观设计策略，以减少对原有方案中景观品质的影响。

（3）在方案设计阶段利用高程设计、设施布局、结构优化、海绵植物搭配和雨水管网优化等方式设计海绵景观。以体现海绵景观项目内的多重景观空间、生态功能性、物种多样性、雨洪安全性和可持续经济的综合效益。

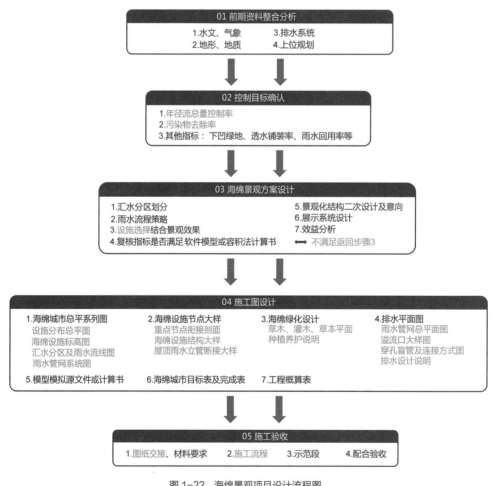

图 1-22 海绵景观项目设计流程图

（4）施工图阶段推敲海绵设施在景观平面图中分布的合理性，确定海绵城市施工总平面。海绵景观的重要节点需进行优化设计，深度结合周边景观条件，在设施植物品种、下凹深度、材料选择、净化结构和雨水管网上的衔接等方面进行二次设计，达到功能落地性、美观性和经济效益之间的最佳平衡点，同时提供海绵城市计算书或水文模型确保施工方案的合理性和科学性。

（5）在施工验收时利用水文模型模拟或计算书科学核算，验证该海绵方案是否满足海绵控制目标，各汇水分区能否合理消纳及净化雨水，实现场地无死角、无内涝的科学海绵系统。在海绵方案落地、验收时，在图纸交接会中明确各材料要求。特殊节点要点难点及规范的海绵施工流程。后续配合海绵城市验收时提供必要的海绵城市图纸及技术表格，可现场配合海绵设施质量检验及雨水管网末端水质数据提取，完成最终验收工作。

1.5 设计方法

1.5.1 海绵景观方案设计

1）方案设计流程

（1）前期资料整合

收集项目场地基本情况和现场条件资料，分析海绵景观设计的限制性因素。如地块属性不同对应产生的海绵城市指标控制要求不同；区位降雨条件限制决定了雨水流程和雨水资源回用方式；地质土壤及地下水条件影响具体海绵设施底部结构设计，当土壤渗透系数较小时，需要通过换填配方土壤达到雨水快速下渗效果，地下水位较高时雨水难以下渗，需要在底部设置盲管进行收集排放（图1-23）。

场地的高程变化影响海绵设施种类选择，在坡度较大情况下雨水难以收集，限制海绵设施的选择；下垫面属性不同影响设施选择和分布，当建筑占地面积较多时，有

土勘钻孔岩芯照　　　　　　　　场地挖填土壤照

图1-23 项目地质土壤勘探分析
（图片来源：GVL怡境国际设计集团）

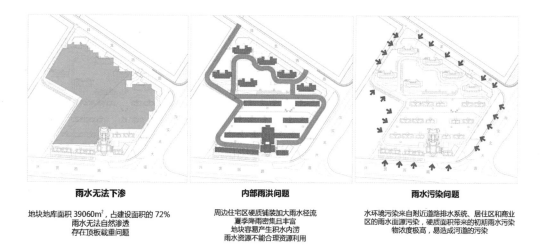

雨水无法下渗	内部雨洪问题	雨水污染问题
地块地库面积 39060m²，占建设面积的 72% 雨水无法自然渗透 存在顶板载重问题	周边住宅区硬质铺装加大雨水径流 夏季降雨密集且丰富 地块容易产生积水内涝 雨水资源不能合理资源利用	水环境污染来自附近道路排水系统、居住区和商业 区的雨水面源污染，硬质面积带来的初期雨水污染 物浓度极高，易造成河道的污染

图 1-24 项目下垫面分析海绵城市问题

限附属绿地内的海绵设施难以满足雨量控制要求，可以采用地下蓄水箱或渗渠、渗透井等灰色海绵设施进行组合；场地雨水管网系统影响海绵城市雨水收集的流程，在雨水管网薄弱区域可多放置海绵设施进行雨水收集，雨水经过多重设施净化后，错峰净化的干净雨水排入市政管网系统，可增强市政雨水管网的排水能力（图 1-24）。

（2）现场勘测 + 会议

组织海绵咨询团队、给排水团队和景观团队进行现场考察，主要任务包括基地考察和工作会议。与业主一起核实项目基础条件，确定海绵控制目标，针对场地的各项不同条件，提出海绵景观的目标定位。分析前期基础资料，应对限制性因素条件需要提出对应的海绵景观设计策略，以解决雨水问题，带来更加独特的海绵景观。

2）设计依据和原则

海绵城市建设应遵循自上而下的过程，以落实上位规划对场地雨水的控制指标和设计目标为基础要求。海绵景观的设计需要满足国家海绵城市标准规范和图集要求，同时满足当地海绵城市导则和上位规划要求。统筹上位市、区海绵城市建设专项规划、各相关专项规划及地块控制性详细规划等要求，还需要满足园林绿化类的设计规范，以保障景观性。

主要标准规范有：

《海绵城市建设技术指南——低影响开发雨水系统构建》；

《低影响开发雨水综合利用技术规范》SZDB/Z 145-2015；

《雨水利用工程技术规范》SZDB/Z 49-2011；

《再生水、雨水利用水质规范》SZJG 32-2010；

《建筑与小区雨水控制及利用工程技术规范》GB 50400-2016；

《室外排水设计规范》GB 50014–2006（2016 年版）；

《城市排水工程规划规范》GB 50318–2000；

《绿色建筑评价标准》GB/T 50378–2014；

《海绵城市建设评价标准》GB/T 51345–2018；

《雨水集蓄利用工程技术规范》GB/T 50596–2010；

《城市水系规划规范》GB 50513–2009（2016 年版）；

《透水砖路面技术规程》CJJ/T 188–2012；

《透水沥青路面技术规程》CJJ/T 190–2012；

《城市道路路基设计规范》CJJ 194–2013。

3）海绵城市控制目标确定

年径流总量控制率和径流污染去除率作为海绵城市设计的强制满足条件，可查询当地海绵城市规划标准目标范围值，每个小区块海绵目标加权平均满足上一级大地块的指标要求。对应不同的地块类型，如居住用地、商业用地、公共服务用地、工业用地等，得出项目地块对应的年径流总量控制率、设计雨量和污染物去除率目标（表 1-4）。

不同用地类型对应年径流总量控制率表　　　　　　　　表 1-4

序号	用地类型	用地代码	年径流总量控制率（基准值）	对应的设计降雨（mm）
1	居住用地	R	70%	28.5
2	商业服务业设施用地	B	50%	15.1
3	公共管理与公共服务设施用地、公共设施用地	A1、A2、A3、A4、A5、A6、A8、A9、S3、U1、U21、U3、U9	70%	28.5
4	工业用地、物流仓储用地	M、W1、W2	60%	20.7
5	道路与交通设施用地	S	50%	15.1
6	绿地与广场用地	G1、G2	85%	48.4

每个项目地块属性大小及周边内涝情况不同，相对应的指标要求会有上下浮动调整，可咨询当地海绵办进行具体设计指标的确定。非强制性海绵目标，如下凹绿地率、透水铺装率、雨水资源回用率等系列指标也应根据当地规划要求确定。

4）系统方案设计

海绵城市系统设计应优先确定汇水分区，充分尊重景观方案的地形空间条件，根据汇水分区内部的建筑屋顶、道路、绿地和水系的布局和竖向关系，合理设计地表径流流向，划分子汇水分区及雨水流线。如建筑正面地块雨水一般流不到建筑背面，地形高差或道路分割等原因同理，应合理设计子汇水分区，使每个地块及道路径流都能

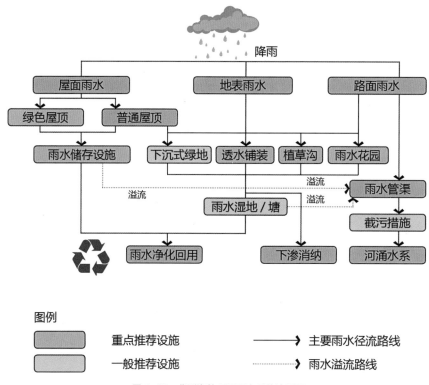

图例
重点推荐设施　　　　　　　　→ 主要雨水径流路线
一般推荐设施　　　　　　　⋯⋯→ 雨水溢流路线

图 1-25　典型海绵项目雨水系统流程图

有组织地汇入周边绿地或水系，并与雨水管网和溢流排放系统衔接，实现城市雨水管网的补充和增强。

根据不同的下垫面属性提出海绵城市设计策略，构建雨水流程图，如处理屋顶雨水径流，可选用绿色屋顶、普通屋顶的雨水断接至周边下凹绿地内，简单净化后排放至雨水湿地深度处理。在海绵设施流程内选取适合景观效果较好的各类海绵设施并使之串联成海绵雨洪管理系统。调整出最优海绵系统总体技术思路和景观布局方案，各项海绵设施满足对应子汇水分区内部控制容积要求（图 1-25）。

5）设施选择与设计

海绵设施选择与布置应充分考虑景观功能的使用和效果，以建筑小区为例，在人行道广场等硬质铺装上可以选择透水混凝土/透水砖，但在主要入口广场建议还是使用保证景观效果的石材；在重要的景观中轴绿化设置下凹绿地会降低景观品质，可以选择雨水花园/生物滞留池等复杂海绵设施增加景观生态效果；在高坡度边坡难以做下凹绿地的地方可以选择高位雨水花坛/生态护坡/传输型植草沟等方式消纳雨洪问题；屋顶尽量设计绿色屋顶，不能满足情况下可以使建筑雨水立管断接设计，雨水转输到建筑周边的下凹海绵设施进行净化调蓄。不同的项目属性对海绵设施的选择和二次设计要着重考虑对景观的影响，针对性确定海绵设施种类和植物搭配（图 1-26）。

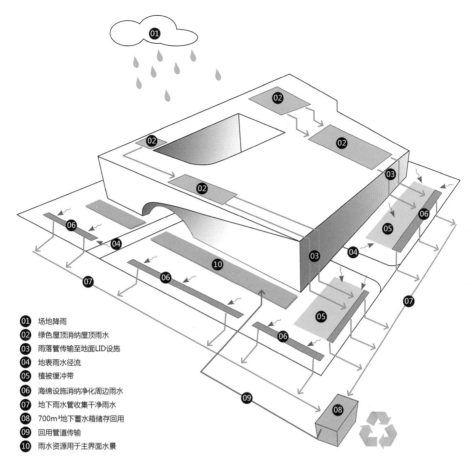

01 场地降雨
02 绿色屋顶消纳屋顶雨水
03 雨落管传输至地面LID设施
04 地表雨水径流
05 植被缓冲带
06 海绵设施消纳净化周边雨水
07 地下雨水管收集干净雨水
08 700m³地下蓄水箱储存回用
09 回用管道传输
10 雨水资源用于主界面水景

图 1-26　深圳光明文化艺术中心海绵城市雨水流程图设计
（图片来源：GVL 怡境国际设计集团）

6）设施规模校核

通过容积法公式的海绵计算书（附后）或者 SWMM/MIKE/SUSTAIN 等水利模型模拟计算，校核海绵方案内所有海绵设施容积及污染物去除是否满足控制指标要求。验证计算各子汇水分区内各海绵设施是否分布合理，确保场地每处雨水都能就地消纳调蓄。有些绿地内海绵设施过于集中，而该区域内雨水量产生较少，造成海绵设施功能和经济的双重浪费，有些区域内雨水产量较大，海绵设施设计不到位，对应区域内雨水控制指标就难以满足，造成对应区域内涝现象。这就要求海绵城市设计除了要满足总量的指标控制，在内部每一个子汇水分区内海绵设施也要相应满足，实现科学设计与合理分布的海绵城市系统（图 1-27、图 1-28）。

7）展示设计及效益分析

海绵城市建设理念应融入城市建设当中，通过精心设计科普展示系统，对"建设美丽中国""生态文明建设"的理念进行宣传与推广，引导民众加强对海绵城市、生

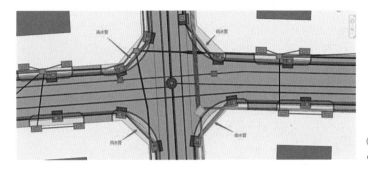

图 1-27 雨水模拟软件示意图
（图片来源：https://xycost.com/ar-chives/2301）

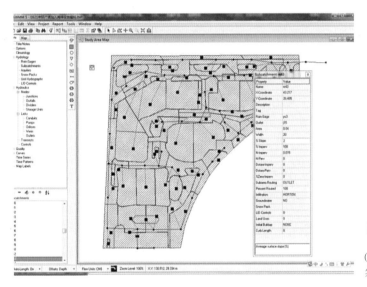

图 1-28 三亚中环广场海绵城市设计中的EPA SWMM软件模拟
（图片来源：GVL 怡境国际设计集团）

态保护和可持续利用领域的认知。展示设施可以选择的类型很多，其中包括：海绵雨水净化流线展板、取水器、压水器或水景等，形成展板系统—节点模型—互动装置协作的运作机制（图 1-29）。

海绵城市系统效益可以体现在三个方面，分别是生态效益、经济效益和社会效益。生态效益可以控制雨水内涝和污染等系列水环境问题，增加生态多样性，增强微气候降低热岛效应。带来可持续经济效益，每年收集的雨水可以用在绿化浇灌、道路冲洗、水景补水等方面，降低日常水费运营消耗，节约大量用水费用。社会效益方面则体现在生态海绵景观示范性项目有机会获得政府相关的海绵城市建设费用补助和奖项，建成后更可以提升周边土地附加价值，提升开发商生态建设形象公信力，加强对市民生态文明理念的教育，改善对社会低碳、环保、可持续理念等价值观的认知。

8）典型海绵景观方案设计图纸内容

主要有：项目概况、项目现状分析（区位、气候降雨、土壤、地形、地下水、排水管网等）、设计依据、设计目标及策略、汇水分区及雨水流线图、海绵设施总

平面、海绵设施标高图、海绵设施意向
图、植物选择意向、计算校核、效益分
析图等。

1.5.2 海绵景观施工图设计

1）施工图设计流程——方案交接 +
会议

在进行海绵景观施工图设计前，生
态总控会充分协调海绵景观方案团队与
施工图团队交接，针对该海绵方案的特
色亮点和设施效果要求进行重点确认，
以保证海绵方案的落地性与经济性（图

图 1-29　广东清远市璞驿酒店海绵系统科普展示牌
（图片来源：GVL 怡境国际设计集团）

1-30）。针对海绵目标、项目特点，对雨水流线系统、雨水管网系统、重点节点展
示、设施结构、植物配置进行二次设计，并进行相关材料及设计图纸的交接。

2）海绵城市总平面系列图

施工图专业应充分细化汇水分区及场地标高，使每一处雨水都有序进行收集消
纳，从而使得海绵系统可以高效运作。同时海绵设施的形态、大小、距离应根据景观
条件进行细致化设计调整。如在人行动线较多的区域，海绵设施应预留安全距离，防
止踏空。道路边植草沟与实际乔木种植范围线和照明路灯电路范围应预留避让距离，
防止海绵设施布局空间与景观条件的冲突（图 1-31）。

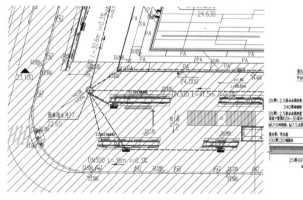

正常模式：
海绵设施底部设置穿孔盲管；
收集过滤后的雨水至溢流井；
溢流井连接至雨水井，输送至地下蓄水箱

暴雨模式：
地下蓄水箱蓄满，多余的水流进市政雨水管网；
地表雨水流进海绵设施，通过溢流口及底部穿孔盲管，
排入溢流井，连接至雨水管网输送至市政雨水管道

图 1-30　项目地表雨水径流组织与设计
（图片来源：GVL 怡境国际设计集团）

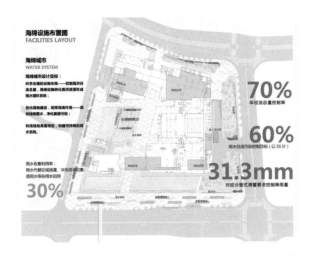

图 1-31 海绵城市设施分布平面图
（图片来源：GVL 怡境国际设计集团）

3）海绵设施结构大样（图 1-32）

海绵设施结构的二次设计，要对形状布局、材料样式和结构要求提出最优化设计。海绵设施结合周边的景观条件进行结构设计，如下凹绿地可以在绿地边界设计硬质收边台阶，下凹设施的入水口缓冲区可以设计出各种不同的形态，如使用卵石石笼/碎石沉淀池或火山石等不同材料或组合形状提升海绵景观品质效果。

雨水花园等复杂性海绵设施在要求高渗透/高净化的情况下，种植土层一般会考虑换土，有专门的提供介质配方土的厂家，也可以现场购买材料搅拌配比，我们在实际项目中经研究和实践发现，配方土壤在 4∶4∶2 的种植土、粗砂、椰糠（椰糠要晒干）的比例是最经济和实用性效果较好的配方。各层结构需要透水土工布进行包裹，以防止周边泥水污染，透水土工布要求无纺土工布，单位面积质量宜为 $300 \sim 500 \mathrm{g/m}^2$，

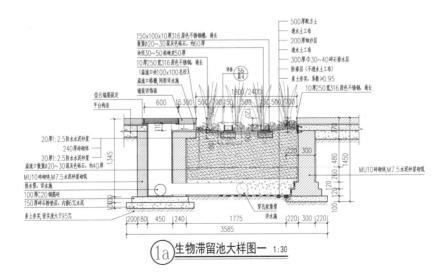

图 1-32 生物滞留池侧壁隐藏式溢流井结构设计
（图片来源：GVL 怡境国际设计集团）

握持强度≥1.1kN，撕裂强度≥0.4kN，CBR顶破强度≥2.75kN，厚度不小于0.5mm。过薄的土工布在铺设和运作中会发生撕裂等现象，影响雨水收集质量。在低成本情况下，雨水花园底部结构可以减少粗砂过滤层和碎石排水层厚度，特殊情况下可以取消粗砂过滤层以降低海绵城市建设的增量成本。

4）给排水图纸

排水设计应该结合场地排水和实际海绵设施的布局，考虑常规排水和超标雨水溢流方式，与市政雨水管相结合。每个下凹海绵设施都需要注意进水口和溢流口设计。因典型的溢流井尺度较大，需要突出坑底保留足够的蓄水深度，可以对溢流井进行优化设计。如在设施规模较小情况下使用溢流管，在下凹设施下沉边线上放置景观雨水口代替专业的溢流井，或者结合铺装边线设置侧壁式溢流井，正常化的溢流井也可以避开景观观赏面，用一定高度的植物围挡。收集雨水需要回收利用时，建议海绵设施底部的穿孔收水盲管与排水溢流井和检修口相结合（图1-33），做到三管合一，减少海绵雨水管网成本价格，并可在雨水管网末端设置地下蓄水箱。

5）海绵绿化图纸

绿化方面应注意海绵设施内景观绿化植物与典型景观绿化植物的区别，如底部具有复杂结构的海绵设施会限制乔木种植，传输型的海绵设施应选择较矮小、抗倒伏能力强的植物，具体应注意以下几点：

（1）选择当地乡土植物，本土植物对当地的气候条件、土壤环境具备良好的适应能力，在人为建造的海绵景观中发挥更好的海绵功效，并使海绵景观具有极强的地方特色。

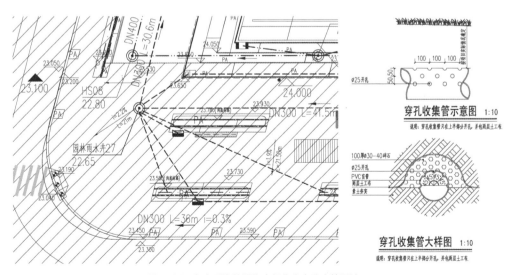

图1-33　复杂型海绵设施底部收水穿孔盲管设计
（图片来源：GVL怡境国际设计集团）

（2）选用根系发达、净水能力强的植物，发达的根系植物可以促进土壤的渗透性，对污染水质中的总磷、总氮等物质具有较强的净化能力。

（3）选择耐旱、耐淹、耐贫瘠的植物品种，应对海绵设施雨期储水和旱季土壤保水能力弱的环境条件具有较强的适应性。耐贫瘠因素更能满足海绵设施低维护性特点，同时具备良好的景观效果。

（4）多样化搭配植物组合，合理的草、灌搭配可以提高植物组合净化雨水的能力，同时复式植物床可创造生物多样性的空间环境，丰富植物群落的结构层次和景观观赏性。

6）概算表

概预算专业应注意海绵设施面积会占用绿地、铺装原本面积，其结构的复杂化会增加相应的增量成本。与正常绿地植被相比，复杂型海绵设施底层增加了土工布、碎石排水层、收水管网、粗砂过滤层和换填配方介质土，这些设施增加了材料价格和人工费用（表1-5）。

部分海绵设施单价估算一览表　　　　　　　　　　　　　　表1-5

低影响开发设施	单位造价估算（元/m²）
透水铺装	60～200
绿色屋顶	100～300
狭义下沉式绿地	40～50
生物滞留设施	150～800
湿塘	400～600
雨水湿地	500～700
蓄水池	800～1200
调节塘	200～400
植草沟	30～200
人工土壤渗滤	800～1200

在对比专业厂家的产品时，随着科技发展和更优质原料技术成本的降低，一些透水铺装、雨水储存设施都有着美观与性价比较高的新型产品，需要及时更新产品库，最大化降低增量成本和增加景观效果。

7）计算书核算——以深圳市某小区为例

（1）容积法目标规模计算

以径流总量和径流污染为控制目标的海绵设施，其设计调蓄容积一般采用容积法进行计算，具体公式如下：

$$V = 10 \cdot H \cdot \varphi \cdot F$$

其中：

V——设计调蓄容积 $=10 \times 22.8 \times 0.361 \times 5.484325 = 451.4$（$m^3$）；

10——单位换算系数；

H——设计降雨量 $=22.8$（mm），对应年径流总量目标 75%（设计雨量可查询当地海绵城市导则中年径流总量控制目标与设计雨量对照表得出）；

φ——综合雨量径流系数 $=0.361$；

F——汇水面积 $=5.484325$（hm^2）。

对小区进行下垫面分析：项目红线面积 54843.25m^2，其中建筑面积 12780m^2，大块石硬质铺装 8162m^2，透水铺装 8184m^2，生态停车场 1810m^2，绿地 25502.25m^2，水体面积 215m^2，地下蓄水箱 150m^3（表 1-6）。

对应各下垫面雨量径流系数加权平均法计算 φ 表 1-6

下垫面	场所	雨量径流系数 φ	汇水面积（hm^2）
屋面	硬屋面、未铺石子的平屋面、沥青屋面	0.80	1.278
	绿化屋面（绿色屋顶，基质层厚度 ≥ 300mm）	0.30	—
	铺石子的平屋面	0.60	—
路面	混凝土或沥青路面及广场	0.80	
	大块石等铺砌路面及广场	0.50	0.8162
	级配碎石路面及广场	0.40	—
	非铺砌的土路面	0.30	—
铺装	植草类透水铺装（工程透水层厚度 ≥ 300mm）	0.06	0.181
	非植草类透水铺装（工程透水层厚度 ≥ 300mm）	0.20	0.6374
	非植草类透水铺装（工程透水层厚度 < 300mm）	0.30	—
绿地	绿地	0.15	2.550225
	地下建筑覆土绿地（覆土厚度 ≥ 500mm）	0.15	—
	地下建筑覆土绿地（覆土厚度 < 500mm）	0.30	—
水体	水面	1.00	0.0215
综合径流系数 φ	—	0.361	5.484325

（2）海绵设施容积计算

对下凹海绵设施容量进行分析：项目内海绵设施分散式设计有效蓄水深度为

200mm 的雨水花园 501m²，生物滞留池面积 79m²，植草沟面积 901m²，下凹绿地面积 1002m²，人工湿地 215m²，地下蓄水箱容积 150m³（表 1-7）。

各项海绵设施蓄水容积计算表　　　　表 1-7

海绵设施代号	含义	数量
S_1	雨水花园面积，m²	501
H_1	有效蓄水深度，溢流口高度，m	0.2
S_2	生物滞留池面积，m²	79
H_2	有效蓄水深度，溢流口高度，m	0.2
S_3	植草沟面积，m²	901
H_3	有效蓄水深度，溢流口高度，m	0.2
S_4	下凹绿地面积，m²	1002
H_4	有效蓄水深度，溢流口高度，m	0.2
S_5	人工湿地面积，m²	215
H_5	有效蓄水深度，溢流口高度，m	0.2
V_6	地下蓄水箱容积，m³	150
V	海绵设施总设计调蓄容积，m³	689.6

经计算，总规划设计中下沉式海绵设施调蓄容积 V_S=539.6m³，地下蓄水箱容积为 150m³，则总设计调蓄容积为 V=689.6m³，总海绵设计控制容积 689.6m³＞控制目标容积 451.4m³。因此设计可满足年径流总量控制率 75% 的调蓄要求，反推实际控制降雨量为 32.6mm，查表得对应年径流总量控制率为 86.3%。

根据小区各项子汇水分区海绵设施指标计算表（表 1-8）可以看出通过计算各区域内下垫面面积，加权平均后得出径流系数，确定各子汇水分区内需要控制的雨量容积，保证各分区海绵设施总容积满足目标要求，各项子汇水分区面积满足对应的年径流总量控制目标。

（3）面源污染物控制计算

本次设计以 SS 作为径流污染物控制指标，年 SS 总量去除率计算如下：

年 SS 总量去除率 = 年径流总量控制率 × 海绵设施对 SS 的平均去除率，

其中年径流总量控制率为 86.3%，各设施对 SS 的平均去除率如表 1-9 所示，为 80%。

本公式只适用于海绵设施及汇水面，对一个项目而言，除非设施全面控制了下垫面，否则还有未受控制下垫面的面源污染物被消减。

通过计算，本项目区域雨水径流经过海绵设施后控制的污染物指标大于 60% 的污染物控制要求，实际污染控制率为 60.96%。

各项子汇水分区海绵设施指标计算表

表1-8

子汇水区编号	汇水分区面积 (m²)	硬质铺装面积 (m²)	绿化面积 (m²)	屋顶面积 (m²)	水体 (m²)	海绵设施						雨水径流系数	海绵设施控制体积 (m³)	传输至雨水回收池体积 (m³)	目标控制体积 (m³)	控制雨量 (mm)	年径流总量控制率 (%)
						雨水花园 (m²)	传输型草沟 (m²)	下凹绿地 (m²)	透水铺装 (m²)	生物滞留池	人工湿地						
S1	4058	1823	918	1317	0	15	59	0	953	0	0	0.45	11.1	30.5	41.6	22.8	75
S2	2336	780	813	528	215	0	0	0	229	0	215	0.46	32.3	0	27.4	25.5	78.1
S3	1928	638	745	545	0	0	0	0	84	8	0	0.44	1.2	19.2	20.4	24.1	76.5
S4	2193	481	1089	623	0	18	48	0	178	10	0	0.39	11.4	7.8	19.2	22.4	74.5
S5	1695	240	965	490	0	33	11	0	90	16	0	0.37	9	5.5	14.5	23.1	75.2
S6	1966	380	1346	240	0	30	68	0	223	16	0	0.26	17.1	0	12.1	23.6	75.8
S7	2830	416	1822	592	0	42	100	0	134	30	0	0.32	25.8	0	22.4	24.7	77.2
S8	3920	792	2189	939	0	18	100	98	220	20	0	0.36	35.4	1.2	36.6	25.9	78.6
S9	3450	565	2293	592	0	21	30	198	331	25	0	0.29	41.1	0	24.1	24.1	76.5
S10	4614	655	3020	939	0	0	22	268	347	16	0	0.31	45.9	0	31.3	21.9	74
S11	3315	1167	783	1365	0	60	33	0	238	0	0	0.52	14	26	40	23.2	75.3
S12	3298	1198	2100	0	0	0	0	255	808	0	0	0.2	38.3	0	16.4	24.9	77.5
S13	2793	782	1483	528	0	80	92	0	593	20	0	0.31	28.8	0	20.5	23.7	76.1
S14	4785	2298	1927	560	0	78	83	0	2240	0	0	0.25	24.2	4	28.2	23.6	76
S15	3859	956	1260	1643	0	66	90	0	244	0	0	0.49	23.4	26	49.4	26.1	78.8
S16	2082	929	1153	0	0	15	46	0	454	0	0	0.24	9.2	2.3	11.5	23.1	75.2
S17	5721.25	1527.25	1964	2230	0	53	70	0	590	0	0	0.47	18.5	42.3	60.8	22.6	74.8
总计	54843.25	15627.25	25870	13131	215	529	852	819	7956	161	215	0.361	386.7	164.8	385.5	23.8	76.2

各项海绵设施对应雨水径流 SS 加权平均去除率 表 1-9

序号	单项设施	污染物去除率（以 SS 计）
1	透水砖铺装	80%～90%
2	下沉式绿地	35%～90%
3	简易型生物滞留设施	—
4	复杂型生物滞留设施（包含雨水花园）	70%～95%
5	干式植草沟	35%～90%
SS 平均去除率	—	80%

（4）透水铺装率计算

通过计算，本项目透水铺装率为 50%，满足透水铺装率 50% 的要求（表 1-10）。

场地 SS 去除率计算 表 1-10

项目区域铺装类型	面积（hm²）
植草类透水铺装	0.181
非植草类透水铺装	0.6374
铺装总面积	1.6346
比值	透水铺装面积 / 铺装总面积 =0.5

8）海绵景观施工图纸内容

图纸内容包括海绵城市设计专项说明、海绵设施分布总平面图、海绵设施标高图、汇水分区及雨水流线图、海绵设施大样图（重点剖面图、地下蓄水箱由专业公司配合设计）、雨水管网系统图、相关计算书或者数学模型、海绵城市建设目标表及完成表、概算表。

1.5.3 施工配合

在项目专项验收中，实际设施的落地和运作方式是否合理，日常运营维护能否规范，各项指标是否满足都需要考察审核。

1）海绵配方介质土壤及透水土工布

配方介质土壤应无建筑垃圾，并做除杂草处理，可由中粗砂、种植土、椰糠按特定配比组合而成（椰糠要晒干）。必须搅拌均匀，不能出现大块板结土壤（图 1-34）。

渗透速率 ≥ 150mm/h，测定方法为在含有 600mm 厚度介质土的沉淀柱当中，注入高度为 h 的水，记录水完全下渗需要的时间 t，所得 h/t 即为介质土平均渗透速率。

图 1-34 搅拌均匀，不能有板结、杂物
（图片来源：https://steflewison.tumblr.com/post/103057256008/compost-defined-as-decayed-organic-material-used）

图 1-35 土工布不能有破损及漏铺
（图片来源：https://www.toutfaire.fr/film-geotextile-on-dutex-blanc-2-x-100-m-fr.html）

有机质含量为 2.5% ～ 3.5%。酸碱度（pH）为 5.5 ～ 6.5。介质土密度为 1.3×10^3 ～ $1.5 \times 10^3 \text{kg/m}^3$。

出水水质指标应取当地主干道或雨水排水口初期雨水径流，共取 3 个径流水样，测定雨水通过设计厚度的介质土层、粗砂层、排水层后，污染物去除率的平均值。

透水土工布为无纺土工布，单位面积质量宜为 300 ～ 500g/m²，握持强度 ≥ 1.1kN，撕裂强度 ≥ 0.4kN，CBR 顶破强度 ≥ 2.75kN，厚度不小于 0.5mm（图 1-35）。

2）施工技术要求

介质土壤及碎石排水层施工技术要求如下：

① 铺设底部碎石排水系统内的盲管之前，应对底部进行平整，然后铺筑 3 ～ 5cm 厚的碎石（除车库顶板外），并确保收水穿孔盲管的纵坡在设计值之内。

② 海绵设施所采用碎石均应冲洗干净后回填，石头表面不能有任何泥土以及粉层。

③ 碎石层中应无建筑垃圾，含泥量 ≤ 1%，压碎值 ≤ 15%。

④ 透水铺装的碎石层如为级配碎石，需夯实，夯实系数 ≥ 0.93；如为开级配碎石，则需分层夯实，夯实系数 ≥ 0.93。

⑤ 介质土与普通种植土施工时须做好防护措施，避免种植土滑落至介质土内。

所有施工过程，必须满足国家的各项设计、施工、验收规范，如遇到特殊问题，应及时通知设计单位协商解决。

施工过程中以及施工完成后须保证溢流井的内部不存在建筑垃圾，避免建筑污水直接进入盲管内部。施工时应组织好施工顺序，注意对碎石、介质土的保护。

1.6 结论

海绵景观的发展是对现有成熟生态技术的补充和增强，海绵功能性与景观美观性深度结合，推进生态文明城市的建设。海绵城市设计不能仅限于雨水管理的技术内涵，大多数时候是在景观层面表现出来，将海绵城市融入每一步的景观设计，生态总控的角色能够协调各专业设计时充分考虑海绵城市科学的功能性和景观使用的美观性，解决场地实际雨水问题并提供高品质的生态景观体验。

在海绵景观设计流程中需要遵循海绵城市设计的六大原则，对项目各阶段的设计工作提供较强的引导性，使海绵景观项目落地后具有科学合理的雨水管理能力，同时具有高颜值的新式生态景观效果而更加被市民接受，从而带来一系列的社会价值、生态价值和经济价值，促进生态文明城市的建设，实现海绵项目的高附加价值（图1-36、图1-37）。

图1-36 西咸沣河生态公园海绵景观中的网红观赏点——粉黛乱子草
（图片来源：GVL 怡境国际设计集团）

图1-37 西咸沣河生态公园优美生境下的皮划艇活动
（图片来源：GVL 怡境国际设计集团）

设施标准篇

2 下凹绿地

图 2-1 美国达拉斯艺术博物馆广场的下凹绿地
（图片来源：Hocker Design Group，http://www.ideabooom.com/9443）

2.1 设施概述

2.1.1 定义

下凹绿地有狭义和广义之分，狭义的下凹绿地指低于周边铺砌地面或道路在 200mm 以内的绿地；广义的下凹绿地泛指具有一定的调蓄容积并且可用于调蓄和净化雨水的绿地，包括湿塘、雨水湿地、调节塘等，广义的下凹绿地的下凹深度无硬性规定。本章所述是指狭义的下凹绿地（图 2-2）。

值得注意的是，在实际的项目应用中，下凹绿地的深度应根据面积、蓄水要求、地形设计、景观效果等影响因素综合考虑确定，如遇特殊情况（图 2-3），下凹深度大于 250mm，应注意溢流设施的设计，保持蓄水深度不大于 250mm。

2.1.2 功能

下凹绿地能够显著改善城市的洪涝灾害，增加土壤的含水量和补充地下水资源，实现控制拦截全年总降雨量的 60%～90%。以北京为例，当年径流总量控制率为 85%

图 2-2 狭义的下凹绿地深度一般为 100～200mm，最大不宜超过 250mm
（图片来源：http://landezine.com/index.php/2011/04/gubei-pedestrian-promenade-by-swa-group/?medium=HardPin&source=Pinterest&campaign=type204&ref=hardpin_type204）

图 2-3 台地式的下凹绿地宜在每级台阶处设计溢流口
（图片来源：http://www.worldlandscapearchitect.com/?p=7430）

时，对应的设计降雨量为 33.6mm，即一年一遇的 1 小时降雨量。下凹绿地的建设和维护费用较低，在海绵城市系统的目标控制中，对径流总量有较强的控制效果，对径流峰值和径流污染也具有良好的控制效果。

2.2 选址与布局

下凹绿地应用范围广泛，在实际应用中，易与景观设计进行结合，平面布局多种多样，可根据所在区位、项目类型、设计风格和绿地形式进行弹性设计，例如海口保利秀英港住宅区设计，将下凹绿地与入口处的阳光草坪结合，既满足了居民的使用需求，同时也可进行雨水的收集和下渗（图 2-4～图 2-6）。

具体的选址与布局原则如下。

（1）下凹绿地可广泛应用于城市建筑与小区、道路、绿地和广场内。大面积应用时，易受地形等条件的影响，实际调蓄容积较小。

（2）对于设施底部渗透面距离季节性最高地下水位或岩石层小于 1.5m 及距离建筑物基础小于 3m（水平距离）的区域，应采取必要的措施防止次生灾害的发生。

（3）对污染较严重的区域不建议用下凹绿地作为雨水调蓄设施。

（4）应选择地势平坦、土壤排水性良好的场地，雨水下渗速度较快，对植物生长有利，且不易滋生蚊虫。

（5）下凹绿地宜在所布置的区域分布均匀，即硬化路面和屋面面积较大的区域应布置较大面积的下凹绿地，这样可以最大限度地收集雨水。一般下凹绿地面积应占汇水分区面积的 20% 以上。

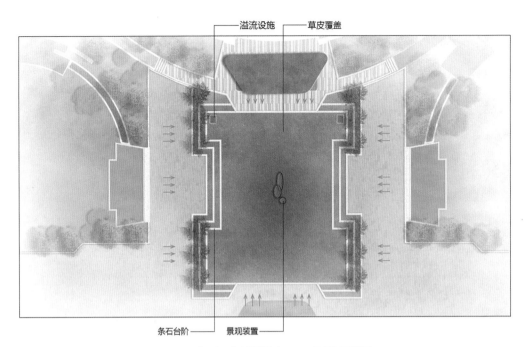

溢流设施 草皮覆盖

条石台阶 景观装置

图 2-4 海口保利秀英港住宅区下凹绿地平面详图

下凹景观台阶 溢流井

图 2-5 海口保利秀英港住宅区下凹绿地
（图片来源：GVL 怡境国际设计集团）

溢流井
市政雨水管
150mm 工
绿化层
种植土
素土夯实

图 2-6 海口保利秀英港住宅区下凹绿地剖面图
（图片来源：GVL 怡境国际设计集团）

2.3 结构与做法

下凹绿地的结构与做法有以下要点。

（1）如图2-7所示，对以草皮为主的下凹绿地，下凹深度应根据植物耐淹性能和土壤渗透性能确定，宜为100～200mm，最大不宜超过250mm，当总深度小于100mm时，可不设计边坡，铺装直接垂直于下凹绿地底面。

（2）下凹绿地排空时间一般为24～48h。

（3）为保证下凹绿地设施的安全，根据设计需要考虑是否增加溢流设施（包括渗透井、雨水井、溢流口等），确保暴雨时径流的溢流排放，溢流口顶部标高一般应高于绿地50～100mm，蓄水深度控制在250mm以内，宜采用立体排水等不易堵塞的雨水口。

（4）溢流口宜设有沉泥斗，深度不应小于300mm。

（5）周边雨水宜分散进入下凹绿地，若采用集中进入时，应在进水口处设计消能防冲刷设施，如砾石带等。

（6）下凹绿地种植土底部距离季节性最高地下水位小于1m时，应在种植土层下方设置滤水层、排水层和厚度不小于1.2mm的防水膜。

（7）当下凹绿地边缘距离建筑物基础小于3m（水平距离）时，应在其边缘设置厚度不小于1.2mm的防水膜。

（8）当径流污染严重时，下凹绿地的雨水进水口应设置拦污设施。

（9）进水口和坡度较大的绿地边缘，应通过设置隔离纺织层、种植固土植被、及时添加覆盖物等措施固定绿地内土壤。

（10）由于坡度陡导致调蓄空间调蓄能力不足时，应增设挡水堰或抬高挡水堰、溢流口高程。

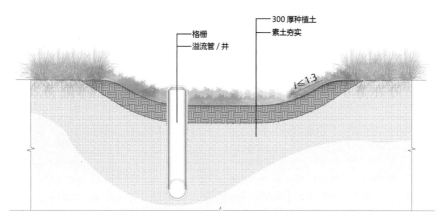

图2-7 下凹绿地典型构造详图

（11）草丛的高度不宜大于15cm。

（12）下凹绿地底部应是宽度在0.6～3m之间的梯形或抛物线形。

（13）下凹绿地允许的最大边坡为3∶1，推荐边坡为4∶1。

（14）下凹绿地中允许的最大流速为0.27m/s。

（15）下凹绿地最小纵向坡度为2%，若无法满足设计要求时，则当径流流速超过0.27m/s的最大值时，坡度应减少到1.5%，对于这个降低的坡度，径流中的可渗透物质对于下凹绿地的排水要求起到关键作用。

（16）下凹绿地的最大纵向坡度宜为10%。

（17）一般下凹绿地如果要达到50%的总悬浮物清除率，则其最小长度应为15m。

（18）种植土厚度取200～450mm，具体依据种植植物品种而定，种植土一般由砂、堆肥和壤质土混合而成，渗透系数≥ 1×10^{-5}m/s，其中砂子含量为60%～85%，有机成分含量为5%～10%，黏土含量不超过5%。

2.4 景观因素考量

下凹绿地的设计形式丰富，应用场景多变，根据项目的具体情况可设计成圆形、椭圆形、肾形和方形等，例如在住宅、商业的视觉盲点处，下凹绿地可设计成自然的肾形或圆形，搭配一些低维护的植被（图2-8），适度降低设施的运行成本。相反，在商业入口处等重要的景观节点，则需要增加功能的设计和氛围的营造，形成视觉的焦点（图2-9）。

当下凹绿地以阳光草坪的形式设计时，应注意微地形的设计，下凹坡度宜为1∶5～1∶10，与道路衔接的界面应注意细节的处理，溢流口宜考虑沿铺装界面进行

图2-8 深圳万科云城东绿廊的一处下凹绿地——搭配种植翠芦莉，其在深圳的成活率非常高，也易于养护（曹景怡 摄）

图2-9 深圳万科云城入口处沿道路一侧的下沉式绿地——种满了时花和芒草，形成视觉焦点（曹景怡 摄）

图 2-10　位于建筑主体之间简约且干练的草坪设计
（图片来源：http://www.ifuun.com/a2018111217021707/）

图 2-11　下凹绿地与道路衔接的细节处理
（图片来源：http://www.ifuun.com/a2018111217021707/）

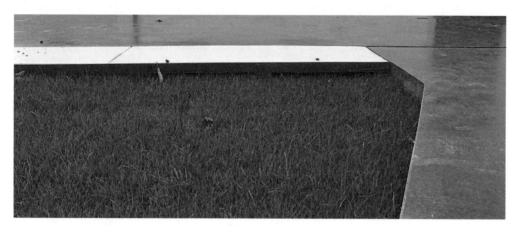

图 2-12　下凹绿地溢流口的细节设计——边缘的排水口与下水道相连，上部利用木质白色收边进行遮挡
（图片来源：http://www.ifuun.com/a2018111217021707/）

隐藏式处理（图 2-10～图 2-12）。

　　道路两侧需要种植行道树时，下凹绿地宜为行道树退让 1～2m 的距离，与道路衔接处设计平道牙或无道牙（图 2-13）。

　　下凹绿地与硬质铺装的衔接处可采用凹凸交错的形式弱化边界感，增加设计细节，提升项目的品质（图 2-14）。

　　当下凹绿地与道路界面高差较大时，可利用台阶替代斜坡处理，结合植草沟、生物滞留池等设施组合使用，同时形成景观通道，赋予下凹绿地更多的景观功能（图 2-15、图 2-16）。

　　当场地内的绿地做整体式下凹时，可利用木栈道、廊桥连接路网，下凹绿地内宜搭配多年生的低维护草花植被，营造自然野趣的景观氛围。

　　下凹绿地作为雨水调蓄设施，可以与多种海绵设施进行组合使用，例如与植草沟、碎石渠等传输设施进行串联，形成系统性的海绵景观（图 2-17）。

　　极端情况下，例如下凹绿地设计成盆地形式时，应利用工程技术做好边坡的稳定措施，绿地四周应做防护栏杆，以确保行人的安全（图2-18）。

　　住宅区的宅间下凹绿地应注意地形起伏的设计，雨水常淹没区内，可点缀1～3棵乔灌木增加竖向上的空间效果（图2-19）。

图2-13　下凹绿地为行道树退让种植距离
（图片来源：http://landezine.com/index.php/2018/01/sky-uk-headquarters-by-urban/）

图2-14　凹凸的边界设计——柔化了景观界面，搭配的植物茅草也具有柔焦的效果
（图片来源：https://www.flickr.com/photos/sharon_k/4824161099/）

图2-15　塞勒姆州立大学阶梯式的边坡处理——增加了互动、休憩的空间，为使用者们提供了理想的户外聚会场地
（图片来源：https://www.designverse.com.cn/content/articleDetails?articleCode=1115429879714676736）

图2-16　塞勒姆州立大学的下凹绿地——暴雨来临时，下凹绿地内的积水可通过斜坡草坪在1h内全部流入到生态草沟内，石笼台阶和漫步桥的设计建造，很好地体现了人工构筑物与自然景观的和谐相融
（图片来源：https://www.designverse.com.cn/content/articleDetails?articleCode=1115429879714676736）

图 2-17 Kerkrade 生态城市公园的下凹绿地承接来自碎石渠传输的雨水（图片来源：http://swj.sz.gov.cn/ ztzl/bmzdgz/hmcsjs/tszs/content/post6746392.html）

图 2-18 Hive Worcester 图书馆的两个下凹绿地——下凹绿地和中间隆起的岛屿向儿童们展示了大自然的美丽与神秘，潮湿的草甸和水湾蜿蜒其间，是主要的景观序列，兼顾处理季节性泛洪（图片来源：https://www.whatsonlive.co.uk/worce ster shire/venue/the-hive-worce ster-worcester）

图 2-19 宅间大型下凹绿地（图片来源：https://www.susdrain. org/delivering-suds/using-suds/suds-components/retention_and_detention/Detention_basins.html）

2.5 植物筛选与配置

2.5.1 植物筛选原则

整个设施［包括超高部分（freeboard）和处理区］按照标准进行植被覆盖，植被应适合土壤条件。植草条件在洼地内从潮湿到相对干燥不等。平底经常被淹没，应种植灯心草、莎草等耐水湿的多年生植物和蕨类植物，以及非常适合潮湿土壤条件的灌木（图 2-20）。边坡的湿度梯度从底部的潮湿到顶部的相对干燥（很少发生洪水）不等。湿度梯度将根据设计水深、植草沟深度和边坡陡度而变化。从洼地底部到设计高水位线或设施顶部的过渡带应种植莎草、灯心草等多年生植物和蕨类植物，以及能够耐受偶尔积水和潮湿环境的灌木。设计高水位线以上和紧邻植草洼地的区域不会定期被淹没，应种植适合当地气候和场地的低维护成本植物。

2.5.2 植物间距设计

在不足 9m 宽的下凹绿地内种植植被，每平方米应达到下面的种植密度标准：
① 每平方米处理面积 16 个种植坑（最小直径 2.5cm，高度 15cm）；

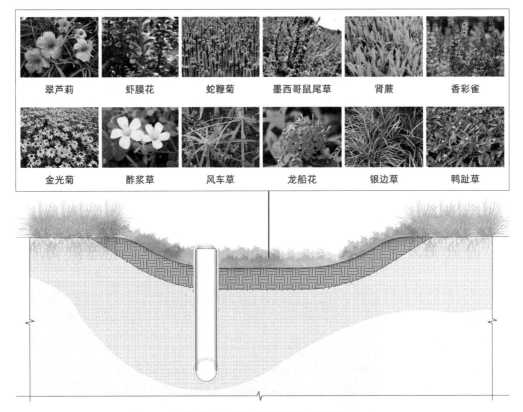

图 2-20 下凹绿地底部常淹没区域植被

② 每平方米地被植株总数为 36～64 株；

③ 地被植物的植物和种子达到 100% 覆盖率。

在宽度大于 9m 的下凹绿地内种植植被，每平方米应达到下面的种植密度标准：

① 每平方米处理面积 16 个种植坑（最小直径 2.5cm，高度 15cm）；

② 每平方米乔木植株总数为 7～12 株；

③ 每平方米地被植株总数为 36～64 株；

④ 地被植物的植物和种子实现 100% 覆盖。

2.5.3 华南地区常用下凹绿地植物品种及生态习性（表 2-1）

	华南地区常用下凹绿地植物及习性		表 2-1
序号	中文名称	拉丁名	备注
1	翠芦莉	*Ruellia simplex* C.Wright	耐旱耐湿一年生草本
2	虾膜花	*Acanthus mollis*	耐旱耐阴多年生草本
3	蛇鞭菊	*Liatris spicata* (L.) Willd.	耐寒耐热多年生草本
4	羽叶薰衣草	*Lavandula pinnata* Lundmark	耐热喜阳多年生草本
5	墨西哥鼠尾草	*Salvia leucantha*	喜湿喜光多年生草本
6	莫娜紫香茶菜	*lectranthus ecklonii* Benth. cv. Mona Lavender	耐阴喜湿多年生草本
7	香彩雀	*Angelonia angustifolia* Benth	耐热喜光多年生草本
8	香根草	*Vetiveria zizanioides* (L.) Nash	耐寒耐阴多年生草本
9	金光菊	*Rudbeckia laciniata* L.	耐寒耐旱多年生草本
10	酢浆草	*Oxalis corniculata* L.	耐旱喜阳多年生草本
11	风车草	*Cyperus alternifolius* L. subsp. *flabelliformis* (Rottb.) KüKenth.	耐阴不耐寒多年生草本
12	龙船花	*Xora chinensis* Lam.	喜光耐半阴多年生草本
13	银边草	*Arrhenatherum elatius* var. *bulbosum*	喜光怕水湿多年生草本
14	鸭趾草	*Commelina communis* L.	耐旱一年生草本
15	蟛蜞菊	*Wedelia chinensis*	耐旱耐湿多年生草本
16	花叶良姜	*Alpinia vittata* W. Bull	喜湿稍耐阴多年生草本
17	肾蕨	*Nephrolepis auriculata* (L.) Trimen	喜半阴忌强光多年生草本蕨类

2.6 运营与维护

下凹绿地的建设、运营和维护是一个系统性工作，为了保持雨水下渗和净化的长期效果，任何一个环节都不容缺失。且由于各地地理情况、气候等因素的影响，因地制宜地对设施进行建设、运营和维护，尤其是提出有针对性的运营维护方案十分重要。根据运行维护措施的频率、目的等因素，将运营维护方案分为三个层次，分别为主动维护、被动维护和设施整改。

2.6.1 主动维护

下凹绿地的主动维护是指为确保设施按设计运营的定期的、计划性的维护，主动维护对于设施建设完成后的长期稳定运营起着至关重要的作用。相比于被动维护和设施整改，主动维护方案需要更为科学地制定和研究。

（1）主动维护的任务

主动维护主要包含以下几个方面的任务：① 对下凹绿地的定期检查；② 常规问题的定期维护任务（例如，清理垃圾，控制杂草）；③ 非常规问题进行检查后响应性的维护任务（例如，沉积物去除，覆盖层和冲洗管理）。

根据降雨强度和长时间运营对设施带来影响的探讨，下凹绿地的定期检查应包括计划内的常规定期检查和暴雨后的检查两大类。常规定期检查周期应为 3 个月；暴雨后检查应为强度大于 30mm/h 的降雨后，对设施积水情况等进行检查。

在主动维护范围内的常规问题主要应包括植被层常规问题、介质层常规问题和其他构件常规问题。下凹绿地在长期运行后，调蓄空间因沉积物淤积导致调蓄能力不足时，应经常清理内部的杂草和杂物等，保证储水和排放的顺畅。表 2-2 为设施主动维护中检查项目一览表。

设施检查项目一览表　　　　　　　　　　　　　　表 2-2

检查类别	植被层检查	介质层检查	其他构件检查
检查项目	枯叶及垃圾	表面生物膜	入水口垃圾
	植被密度	监测积水情况	出水口垃圾
	植被健康状况	暴雨后积水排出	雨水管自由排水
	杂草生长情况	土壤侵蚀情况	暗渠阻塞情况
	根据气候浇水	结皮、夯实情况	基础结构的损坏

（2）植被层常规维护任务

① 垃圾清理。植被层会拦截大部分来自周围排水区域的垃圾，如人们随手丢弃的果皮纸屑、掉落的树叶及其他杂物，如不及时清理，可能会引起堵塞造成排水不畅。

②浇水。植被在铺种期间及干旱少雨时需要人工浇水，理论上，除雨季外，每周应至少浇水两次，且晚秋草叶枯黄后和春季返青前应至少一次足量浇水。

③修剪草坪。修剪草坪除可以保持草坪美观外还可以减少病虫害、抑制生长点较高的杂草竞争力，并能使枝条密度加大，改善其通风透光条件，一般除夏季高温天气外，每月应至少修剪草坪三次。

④除杂草。除杂草即将所选植被外的竞争性杂草去除，为保证下凹绿地出水水质，除杂应避免使用除草剂。

⑤打孔。为改善草坪根系的通气状况，调节土壤含水量并提高草坪质量，应在草坪上打穴通气。

（3）介质层常规维护任务

①清除表面沉积物。定期清除介质表面沉积物对于初期堵塞的介质恢复其功能至关重要，表层沉积物去除实验中，无植被介质表面沉积在第十天左右（累计降雨255mm）就比较严重，而有植被组发生在二十天（累计降雨510mm）左右，但考虑自然状况下，雨水径流携带的颗粒物更多，建议清理频率为三个月一次，在雨季应根据降雨量的变化加大清理频率。

②清理藻类生物膜。介质表面形成的藻类生物膜也会导致介质的堵塞，需要及时清理。

③翻耕土壤。翻耕土壤对介质堵塞、物理结皮和土壤压实情况均有比较明显的效果，对经过优化调配的混合介质土，建议维护周期为一年。

④换土。根据需要，在土壤介质经其他维护措施无法恢复渗水效果的情况下，采取换土的方式对设施性能进行恢复，当调蓄雨水的排空时间超过36h时，应及时更换种植土。

（4）其他构建的常规维护任务

①进水口和溢流口垃圾清理。对流入点和流出点格栅进行定期清理，防止入水口格栅堵塞，一般在暴雨后或常规检查后，随检随清。

②暗渠、穿孔管清理。通过检查井检查排水是否正常，并每年一次定期清理排水系统尤其是穿孔管的堵塞。

③物理性损坏的修复。对混凝土开裂，基础设施磨损等物理性损坏进行维护，一般常规维护在三个月一次并在暴雨后增加检查维护行动。综上所述，主动维护的常规项目维护计划表如表2-3所示。

④边坡出现坍塌时，应进行加固。

主动维护计划表 表 2-3

时间	组件	措施
暴雨之后	进水口	清除垃圾、枯叶和杂物
		检查需要修理的缺陷或破损（开裂，松散的混凝土类物体）并通知业主
	出水口	检查出水口是否堵塞，清除垃圾和枯叶
	积水区	通过出水口和植被观察积水区是否有沉积物、枯叶和垃圾。如果有，手动清除
	边坡	检查冲刷、沟流和侵蚀情况，必要时通过加土和重新种植进行修复
	通道基础	检查冲刷、沟流和侵蚀情况，必要时通过加土和重新种植进行修复
	植被和土壤	检查暴雨后雨水径流是否通过土壤进行过滤
		去除杂草
	土壤	检查土壤积水是否能够自由排出，如不能应清理土壤表面沉积物或翻耕松土
		检查植被健康
1个月 3～5次	植被	在干旱期尤其在植被生根期可能需要浇水
		修剪草坪，改善其通风透光条件
		清理垃圾、杂物和枯叶
1个月1次	出水口	去除垃圾和杂物
	进水口	去除垃圾和杂物
	植被和土壤	在空隙重新播种并在干旱时浇灌新栽植被至其长成
3个月1次	进水口	检查需要修理的缺陷或破损（开裂，松散的混凝土类物体）并通知业主
	出水口	检查需要修理的缺陷或破损（开裂，松散的混凝土类物体）并通知业主
	边坡	检查冲刷、沟流和侵蚀情况，必要时通过加土和重新种植进行修复
	通道基础	检查冲刷、沟流和侵蚀情况，必要时通过加土和重新种植进行修复
		清理土壤表层沉积物
3个月1次	土壤	清理土壤表层藻类生物膜
		清理下来的沉积物和生物膜应安全填埋，避免二次污染
6个月1次	植被	对植被进行打穴通气
	地下排水系统	检查排水是否正常并清理地下排水暗渠及穿孔管
1年1次	土壤	检查土壤混合物表面细小结皮是否阻碍排水
		对存问题的土壤进行翻耕
	植被	检查植被健康状况，对草地秃块进行补种
2～3年1次	土壤	检查积水、排水情况，对堵塞较为严重的土壤进行换土

2.6.2　被动维护

当发现的问题或故障超出了主动维护的范围时，需进行被动维护。在群众对设施投诉（例如过量的气味和垃圾）后也可能需要被动维护。被动维护要快速响应，而且可能会涉及专业的设备或技能。

2.6.3　设施整改

当系统没有按照预期运行，主动和被动维护均不能将设施功能恢复到初始状态时，则需要对下凹绿地进行整改。下凹绿地发生故障并失去应有的功能可能与许多因素有关，如设计不当，建设不良或缺乏定期维护。在很多情况下，设施的设计没能充分考虑系统处理流域污染物（即沉积物）的能力以及维持其正常功能的维护频率。因此，设计阶段的维护计划对于长期运行成本和处理系统的预期寿命都是至关重要的。一般来说，经过良好设计和建造并经常维护的雨水处理设施（例如雨水花园）的预期寿命周期应至少 20 年。然而，每个处理系统的生命周期都是不同的，并与以下问题有关。

① 系统是否根据最佳实践情况进行设计、建造和维护。

② 集水特征（影响雨水的质量）。

③ 系统的年龄和健康状况。

④ 系统中使用的植物类型。

⑤ 应定期进行设施状况评估，以监测系统状况，并确定设施的预期寿命。更换系统的主要元件即系统更新，包括基础设备、顶部土壤（或者是雨水花园的过滤介质）更换，并将顶部土壤填充至设计水平和重新种植。当设施发生重要的功能问题时应整改。因为定期的维护活动不足以使系统恢复功能，所以应尽快进行整改工作。设施整改通常涉及下凹绿地部分或全部更新，并且与主动和被动维护相比，往往成本更高。常用的整改措施见表 2-4。

设施故障整改措施　　　　　　　　　　　　　　表 2-4

症状	可能的问题	解决方法
无法排水 / 积水	土壤压实	翻耕土壤或利用旋转曝气机对土壤通风
	细颗粒阻塞土壤	去除土壤表层沉积物并替代、翻耕土壤
	如果存在地下排水，可能发生阻塞，在出口检查排水	清理或重建地下排水系统
	土壤不能自由排水	土壤通风，更换土壤表层，用渗水性能更好的土壤或土壤混合物

续表

症状	可能的问题	解决方法
水直接流到出口	植草沟坡度太陡	如果坡度超过5%，建造节制坝以减缓流速
	植被或草地密度不够	重新播种以增加密度，在干旱期不要频繁收割
冲刷/沟渠出现	进水在入口处集中	清除阻塞物，包括垃圾、杂物和沉积物
		根据需要填充沟渠，重新播种

3 生物滞留设施

图 3-1 生物滞留池
（图片来源：http://www.southcivil.com/172.html）

3.1 设施概述

3.1.1 定义

生物滞留设施是指低于周边铺装地面或者道路 400mm 以内的绿地，通过植物、土壤、过滤排水层和微生物的共同作用，实现蓄渗、净化径流雨水的雨水管理设施。

3.1.2 功能

生物滞留设施是一种高效的雨水净化设施，雨水径流通过土壤层过滤，然后通过暗渠向下游排放或直接下渗到土壤中，达到削减峰值流量，净化雨水，实现径流总量、径流峰值和径流污染控制等多重目标。

雨水中的污染物包括悬浮固体、营养物、金属、碳氢化合物和细菌，土壤层中的植被能够吸收污染物和径流，而根系则有助于保持土壤层良好的渗透速率，根据土壤层的深度和选择的植被类型不同，总悬浮固体（TSS）去除率可以达到 80%～90%，如表 3-1 所示。

不同设计参数下 TSS 去除率　　　　　　　　　表 3-1

TSS 去除率	设计参数	
	最小土层厚度	生物滞留植被
80%	457.2mm（18 英寸）	陆生森林群落
80%	609.6mm（24 英寸）	耐旱草本
90%	609.6mm（24 英寸）	陆生森林群落

除此之外，生物滞留设施可以通过其植物的蒸腾作用调节环境中空气的湿度与温度，改善小气候环境，提供低维护性景观，保留适宜栽种的本地植被，并尽量减少使用草坪、肥料和杀虫剂。

3.1.3　分类

一个典型的生物滞留设施包括顶部的由植被覆盖的沟槽或水坑，中间的过滤介质（通常是自然土壤）和底部的排水渠三部分。生物滞留设施根据不同的景观形式，可以分为生物滞留池、雨水花园、生态树池（本章重点阐述生物滞留池、雨水花园，生态树池详见第 7 章）。

生物滞留池和雨水花园的区别在于其大小和设计形状各不相同，生物滞留池一般指四周有硬质收边的线性沟槽（图 3-2），雨水花园一般指四周为软性收边的不规则弧线形洼地（图 3-3）。

图 3-2　生物滞留池的设计形式多为线性沟槽
（图片来源：http://hpigreen.com/tag/green-streets/）

图 3-3　雨水花园的四周为软性收边且一般设计成不规则弧线形花园形式
（图片来源：http://blogs.tallahassee.com/community/2019/07/25/greening- our-community-mid-summer-gardening-ideas-low-impact-development/）

3.2 选址与布局

生物滞留设施的大小和形状各不相同。例如生物滞留池可以设计成传统沟槽或水池的形状（图3-4），也可以设计成洼地的形状，这使它们特别适合沿道路放置，例如深圳光明文化艺术中心将生物滞留池（图3-5、图3-6）设置在道路界面，并与景观座椅结合，形成良好的互动空间，当生物滞留池尽可能靠近径流源头的位置时，该设施对雨水的滞留和净化效果最好。

雨水花园也可以设计成平底或斜底。这种设计上的灵活性使其可以用于各种地点，包括草坪、中央分隔带、停车场和其他需要处理雨水的绿地，常规的平面布局如图3-7所示。雨水花园还可与植草沟、渗沟等设施组合设计帮助增强雨水的收集净化和传输功能，例如西咸沣河生态湿地公园即采用了组合海绵设施的形式（图3-8、图3-9）。

对于具有补充地下水功能的生物滞留设施应慎重使用，不得将其建设在会造成严重水力影响的地方。这些影响包括加剧自然或季节性高水位，从而导致地表积水、地下室淹水，干扰地下污水处理系统或其他地下结构的正常运行，必须评估该设施对地下水位的水力影响。

预计污染物或泥沙含量较高的地区，禁止使用补充地下水的生物滞留设施，应做好防渗措施。

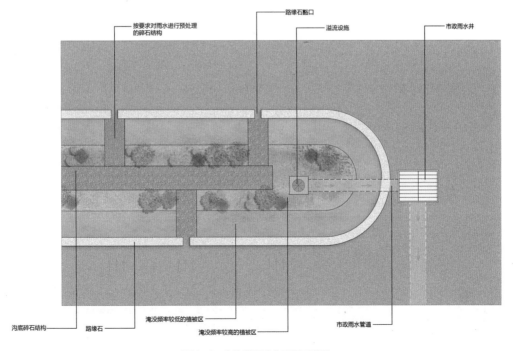

图 3-4　生物滞留池典型平面详图

生物滞留设施距邻近建筑物的距离宜不小于3m，当小于3m时应做好防渗措施，距离建筑落水管3～10m。

季节性高水位的高度设计值至少低于生物滞留设施底部排水系统300mm，离不

图3-5　深圳光明文化艺术中心生物滞留池透视图1
（图片来源：GVL怡境国际设计集团）

图3-6　深圳光明文化艺术中心生物滞留池透视图2
（图片来源：GVL怡境国际设计集团）

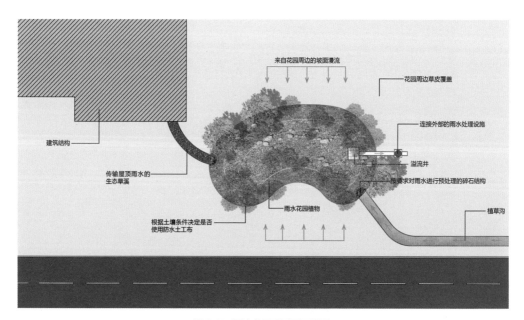

图3-7　雨水花园典型平面详图

图 3-8　西咸沣河生态湿地公园雨水花园
（图片来源：GVL 怡境国际设计集团）

图 3-9　西咸沣河生态湿地公园雨水花园剖面图
（图片来源：GVL 怡境国际设计集团）

耐涝树木至少 3m，与基岩保持 0.7～1.2m 的距离。

雨水花园要低于周边房屋，且四周坡度宜在 1%～15%，雨水花园本身坡度不得超过 50%。

生物滞留设施宜分散分布且规模不宜过大，生物滞留设施的设计面积一般是汇水面积的 5%～10%，雨水花园不能设在全阴处。

雨水花园一般布置在绿地中，与植草沟结合使用。

3.3　结构与做法

生物滞留设施的基础设计参数应包括储存量、厚度、结构和植被土层的渗透率等，土层上部应有充足的蓄水层来避免设计雨量外溢，同时，土层的渗透性要保证 48h 内排空储存的雨水。生物滞留池的典型断面详图如图 3-10、图 3-11 所示，雨水花园的典型断面详图如图 3-12 所示。

生物滞留设施的主要结构有蓄水层、覆盖层、种植土层、填料层及砾石排水层。各结构层的作用及技术要求如表 3-2 所示。

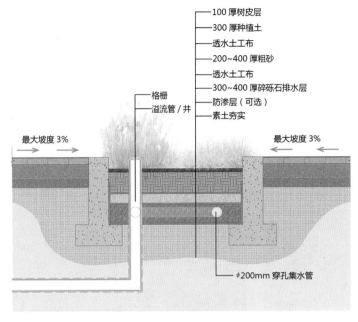

100 厚树皮层
300 厚种植土
透水土工布
200~400 厚粗砂
透水土工布
300~400 厚碎砾石排水层
防渗层（可选）
素土夯实

格栅
溢流管／井

最大坡度 3%　　　最大坡度 3%

φ200mm 穿孔集水管

图 3-10　生物滞留池横断面典型构造详图

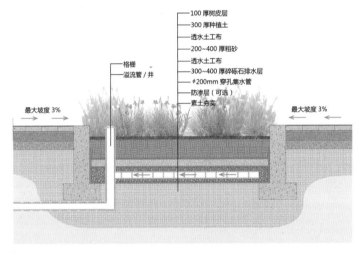

100 厚树皮层
300 厚种植土
透水土工布
200~400 厚粗砂
透水土工布
300~400 厚碎砾石排水层
φ200mm 穿孔集水管
防渗层（可选）
素土夯实

格栅
溢流管／井

最大坡度 3%　　　最大坡度 3%

图 3-11　生物滞留池纵断面典型构造详图

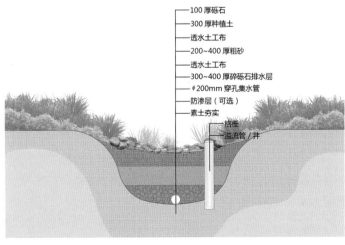

100 厚砾石
300 厚种植土
透水土工布
200~400 厚粗砂
透水土工布
300~400 厚碎砾石排水层
φ200mm 穿孔集水管
防渗层（可选）
素土夯实

格栅
溢流管／井

图 3-12　雨水花园典型构造详图

生物滞留设施各结构层的作用及技术要求 表 3-2

组成	作用	技术要求
蓄水层	① 雨水滞留：降雨时雨水优先滞留于蓄水层； ② 过滤雨水：通过植物的作用过滤雨水，同时将雨水中的沉淀物留在此层	其高度根据开发场地所在地区的降雨特性、植物耐淹性能和土壤渗透性能等来确定，一般多为 200～300mm
覆盖层	① 提高土壤渗透能力：可以保持土壤的湿度，防止水土流失； ② 净化雨水：覆盖层中的树皮可以提供良好的微生物环境，有利于雨水的净化	① 一般采用树皮进行覆盖； ② 其最大深度一般为 50～80mm
种植土层	过滤与净化雨水作用	① 一般选用渗透系数较大的砂质土壤，其主要成分中砂子含量为 60%～85%，有机成分含量为 5%～10%，黏土含量不超过 5%； ② 种植土的厚度根据所种植的植物来决定。种植花卉与草本植物，只需 30～50cm 厚，种植灌木需 50～80cm 厚，种植乔木，则土层深度在 1m 以上； ③ 种植在雨水花园的植物应选择多年生植物，并可短时间耐水涝
填料层	渗水作用	① 多选用渗透性较强的天然或人工材料； ② 其厚度应根据当地的降雨特征、雨水花园的服务面积等确定，多为 0.5～1.2m； ③ 当选用砂质土壤时，其主要成分与种植土层一致； ④ 当选用炉渣或砾石时，其渗透系数一般不小于 10^{-5}m/s
砾石排水层	排除多余雨水：多余的雨水由穿孔管收集排入城市排水管道中	① 厚度一般为 250～300mm，砾石应洗净且粒径不小于穿孔管的开孔孔径； ② 在其中可埋置直径为 100～150mm 的穿孔排水管； ③ 为提高调蓄作用，在穿孔管底部可增设一定厚度的砾石调蓄层； ④ 碎石粒径值应取 15～40mm 为宜

生物滞留池宜采用垂直边坡，池壁宜采用混凝土、石材、不锈钢板等材料，雨水花园的池底宜设计为平底，不宜采用垂直边坡，设计边坡坡度应小于 1∶2（垂直距离∶水平距离），植被边坡的设计坡度应小于 1∶3。

屋面径流雨水可由雨落管接入生物滞留设施，道路径流雨水可通过路缘石豁口进入，路缘石豁口尺寸和数量应根据道路纵坡等经计算确定。

生物滞留设施应具有处理和排出设计雨水量的能力，设计雨水量的最大深度是 300mm，溢流设施的口径最小半径为 60mm。

植被土层的渗透率应满足48h内排出设计雨水量，该渗透率值应根据区域情况或实验室测试得出，由于实际的渗透率可能与实验结果存在差异，随着土壤层的固化和处理雨水所留下沉积物的堆积使得实际渗透率不断降低，因此，设计渗透率应为试验渗透率的1/2。

生物滞留设施结构外侧必须铺设土工织物进行防护，防止周围土壤颗粒进入设施，影响设施的渗透性和运行寿命。

生物滞留设施的入水口处宜设置碎石带，分散调整水流的流速和流动模式，避免设施内部土壤和植物遭到侵蚀。

生物滞留设施必须采用溢流竖管、盖算溢流井或雨水口等溢流设施，溢流设施顶部一般应低于汇水面100mm。溢流口宜布置在进水区附近，以防止高速水流进入池体。如果不能将溢流口布置在进水控制区，则2～10年一遇降雨产生的径流速度应低于0.5m/s，50～100年一遇降雨产生的径流速度最大不超过1.5m/s，以防止其对植物和滤料的冲刷。

对于设计有出水口的结构，必须在出水口结构的入口处安装拦污栅栏。拦污栅栏的设计不得对出水管或结构的水力性能产生不利影响，一般由坚硬、耐用和耐腐蚀材料制成（图3-13）。

溢流设施底部到排水管的空间必须填充材料，如混凝土、砂和水泥的混合物或类似的灌浆材料，以便水不会在出口结构中沉淀。这种材料必须向排水管倾斜，以便于排水，如图3-14所示。

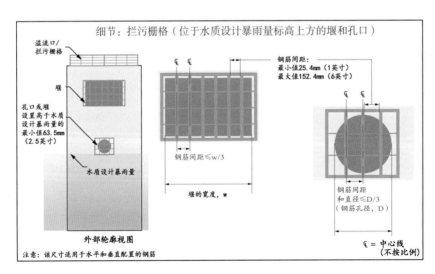

图3-13 截污栅栏安装位置详图

（图片来源：改绘自"New Jersey Department of Environmental Protection Division of Watershed Management.New Jersey Stormwater Best Management Practices Manual[Z]. New Jersey: Department of Environmental Protection, 2004"）

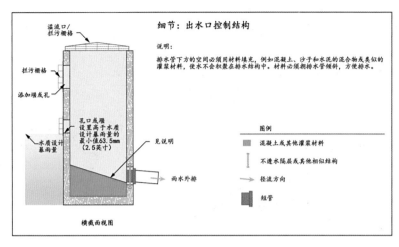

图 3-14 溢流设施底部填充材料位置详图

（图片来源：改绘自 "New Jersey Department of Environmental Protection Division of Watershed Management.New Jersey Stormwater Best Management Practices Manual[Z]. New Jersey: Department of Environmental Protection, 2004"）

与下游雨水管理设施的任何连接必须包括检查口和检修孔等接入点，以便进行检查和维护（视情况而定），以防止水流堵塞并确保设施按预期运行。

3.4 景观因素考量

根据绿地的不同设计形式选择具体的生物滞留设施，现状道路存在积水问题或污染较重的，可对原有绿化带改造，并采用线性生物滞留池形式（图 3-15）；当设施四周有硬质收边或规则性的池体形式时，宜选用生物滞留池（图 3-16）；当设施四周为软性收边且设计为不规则弧线形式时，宜选用雨水花园（图 3-17）。

当人行道路标高高于市政道路时，可设计线性排水沟将雨水引入设施，箅子的样式可根据项目设计风格进行详细设计，也可以向相关厂家购买成品箅子，入水口必须设置碎石缓冲带，粒径可选 20～50mm 本地石材（图 3-18）。

应赋予生物滞留池更多休憩、互动等的景观功能，例如适当设计围合或半围合木质座椅和自行车临时停车区域，增加竖向空间的丰富性（图 3-19、图 3-20）。

对景观需求较高的校园或商业空间，宜根据项目整体风格，运用更多元的材料和形状对生物滞流设施进行景观优化，例如使用耐候钢板替代混凝土砖收边，使用异形设计分割不同的步行空间，增加其丰富性（图 3-21）。

螺旋形的溢流设施可以弱化传统溢流井的生硬感，在螺旋凹槽内添加碎石，可以较好地滞留和净化雨水，同时作为一种景观装置，增加道路设计的精致感（图 3-22）。

不同的路缘石开口方式应根据场地设计进行安排，尺度不宜过大，间距不宜过

图 3-15　线性生物滞留池

（图片来源：http://sudsostenible.com/consideraciones-del-arbolado-urbano-en-suelo-compactado/）

图 3-16　被硬质收边包围的异形生物滞留池

（图片来源：https://www.greenroads.org/141/ 72/bellingham-raingardens-east-magnolia-street.html）

图 3-17　雨水花园

（图片来源：https://www.c-ville.com/rain-gardens-lovely-way-protect-planet/）

图 3-19 堪培拉宪法大道林荫景观——生物滞留池与休闲空间相结合的效果
（图片来源：https://citygreen.com/case-studies/constitution-avenue-canberra/）

图 3-18 线性排水沟连接市政雨水口与生物滞留池
（图片来源：https://worldlandscapearchitect.com/king-street-revitalization- kitchener-canada-ibi-group/#.XrqUHPktG6w）

图 3-20 墨尔本伦斯敦街生物滞留池与休闲空间相结合的效果
（图片来源：http://www.ideabooom.com/7174）

图 3-21 商业空间内的异形生物滞留池设计
（图片来源：http://www.ideabooom.com/7124）

图 3-22 螺旋形状的溢流装置
（图片来源：https://www.trepup.com/duratrench/news/channel-drain-duratrench/1637731）

密，且路缘石开口注意设置在高程最低位置（图 3-23～图 3-25）。

当生物滞留设施两侧收边高程不同时，应注意高差设计，消除暴雨时可能带来的隐患（图 3-26）。

生物滞留设施应根据不同的湿润区域合理地放置植被，一般来说，淹没频率较低的周边区域以树木为主，淹没频率较高的区域选择灌木和草本物种（图 3-27）。

图 3-24　倒梯形的路缘石开口形式
（图片来源：http://induced.info/?s=Garden+Landscaping++
Stephen+Ogilvie）

图 3-25　深圳万科云城路缘石开口设计（曹景怡 摄）

图 3-23　垂直的路缘石的开口形式
（图片来源：http://induced.info/?s=Garden+Landscaping++
Stephen+Ogilvie）

图 3-26　两侧高程不同时的细节处理
（图片来源：https://thecityfix.com/blog/the-eight-principles-
of-the-sidewalk-building-more-active-cities-paula-santos/）

图 3-27　不同淹没区植被的放置原则
（图片来源：https://www.biocycle.net/2012/03/14/recycled-
organics-make-splash-in-green-infrastructure/）

3.5　植物筛选与配置

如图 3-28 所示，生物滞留池宜种植耐水湿植物和观赏草类植物，乔灌木植物应慎重选择，具体的植物筛选原则如下。

（1）地被植物

地被植物主要处理污染物以及防止侵蚀，配置地被植物时应注意如下五点：

① 地被植物须覆盖生物滞留池整个表面；

② 在具有延伸高度的生物滞留池内设计高叶密度的植物，有利于有效的水处理；

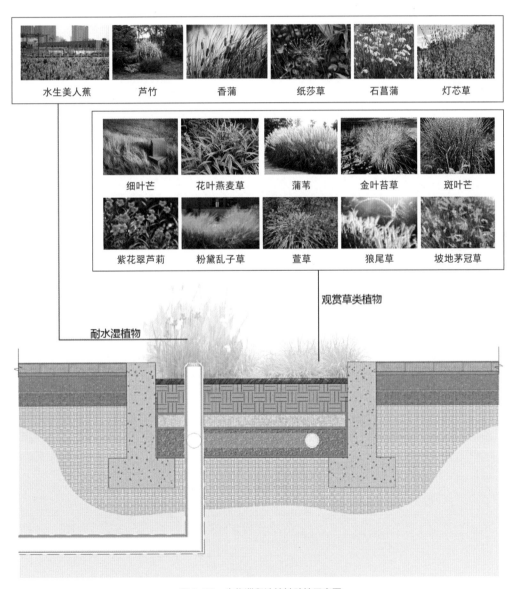

图 3-28　生物滞留池植被种植示意图

③ 植物均匀密集布置使水流均匀、防止冲刷并在过滤介质内产生均匀的根区；

④ 尽量选用本地植物，并且避免使用有生物入侵风险的植物；

⑤ 所选植物应能忍耐较长时间干旱和短期淹没。

（2）乔灌木（可以选用）

乔灌木不是生物滞留设施所必需的，但其能提供舒适、有特色的栖息地，使得整个街区或公园功能完备。配置乔灌木时应注意如下五点：

① 树木宜选用本地树种，树冠相对稀少，使地表植物获得阳光和水分；

② 设计时要考虑树木的耐旱耐湿能力；

③ 不能选用落叶植物；

④ 树木根系宜浅，避免根系疯长破坏管道及排水结构；

⑤ 乔木应种植在设施的周边，不能种植在进水口处。

生物滞留设施推荐植物品种及生态习性如表 3-3 所示。

推荐植物的生长习性及适用区域　　　　　　　　表 3-3

	名称	拉丁学名	植物习性	适用区域
路旁绿地	垂丝海棠	*Malus halliana* Koehne	喜光喜湿落叶小乔木	江苏、浙江、安徽、陕西、四川、云南
	樱花	*Cerasus yedoensis*	喜光喜湿乔木	北京、陕西、山东、江苏、江西等
	紫薇	*Lagerstroemia indica* L.	喜光喜湿落叶灌木或小乔木	广东、广西、湖南、福建、江西、浙江、江苏、湖北、河南、河北、山东、安徽、陕西、四川等
	落羽杉	*Taxodium distichum* (L.) Rich.	喜光耐湿抗风落叶大乔木	广东、湖南、福建、江西、浙江、湖北、上海、河南等
	木芙蓉	*Hibiscus mutabilis* L.	喜光耐半阴落叶灌木或小乔木	辽宁、河北、山东、陕西、安徽、江苏、浙江、江西、福建、台湾、广东、广西、湖南、湖北、四川、贵州和云南等
耐水湿植物	美人蕉	*Canna indica* L.	喜光耐湿多年生草本	全国各地均可栽培，但不耐寒，霜冻后花朵及叶片凋零
	芦竹	*Arundo donax* L.	不耐寒喜水湿多年生草本	广东、海南、广西、贵州、云南、四川、湖南、江西、福建、台湾、浙江、江苏等
	香蒲	*Typha orientalis* Presl	喜高温喜湿多年生草本	东北、华东、华北、华南等地区均有种植
	纸莎草	*Cyperus papyrus* L.	不耐寒喜水湿多年生草本	华东、华北及南方地区
	石菖蒲	*Acorus tatarinowii*	稍耐寒喜湿多年生草本	黄河以南地区

续表

名称	拉丁学名	植物习性	适用区域
细叶芒	*Miscanthus sinensis* cv.	喜光耐寒耐旱耐涝多年生草本	华北、华中、华南、华东及东北等地区
花叶燕麦草	*Arrhenatherum elatius* cv. Variegatum	喜光耐阴耐水湿多年生草本	东北、华北和西北的高寒地区
矮蒲苇	*Cortaderia selloana* 'Pumila'	喜光耐寒耐水湿耐旱多年生草本	华北、华中、华南、华东及东北地区
金叶苔草	*Carex* 'Evergold'	喜光耐半阴怕积水多年生草本	华东地区
斑叶芒	*Miscanthus sinensis* Andress 'Zebrinus'	喜光耐旱耐涝多年生草本	华北、华中、华南、华东及东北地区

(左侧竖排：观赏草类)

3.6 运营与维护

3.6.1 生物滞留设施维护事项

（1）植物应根据其品种定期修剪和挖除，修剪高度应保持在设计范围内，修剪的枝叶应及时清理，不得堆积。

（2）定期巡检评估植物是否存在疾病感染、长势不良等情况，当植被出现缺株时，应定期补种；在植物长势不良处重新播种，如有需要，更换更适宜的植物品种。

（3）定期检查植被缓冲带表面是否冲蚀、土壤板结、有沉积物等。

（4）进水口不能有效收集汇水面径流雨水时，应加大进水口规模或进行局部下凹处理等。

（5）进水口、溢流口因冲刷造成水土流失时，应设置碎石缓冲或采取其他防冲刷措施；进水口、溢流口堵塞或淤积导致过水不畅时，应及时清理垃圾与沉积物。

（6）调蓄空间因沉积物淤积导致调蓄能力不足时，应及时清理沉积物。

（7）边坡出现坍塌时，应进行加固。

（8）由于坡度导致调蓄空间调蓄能力不足时，应增设挡水堰或抬高挡水堰、溢流口高程。

（9）当调蓄空间雨水的排空时间超过 36h 时，应及时置换树皮覆盖层或表层种植土。

（10）出水水质不符合设计要求时应换填填料。

（11）每年检修 2 次（雨季前、雨季中），植物生长季节每月修剪 1 次。

3.6.2 生物滞留设施维护事项及维护周期（表3-4、表3-5）

生物滞留设施检查对象及维护对象　　　　　　　表3-4

检查对象	检查内容及方式	检查周期
植被	人工检查植被生长状况、密度、多样性	建造后2年内每月1次，以后1年4次
土壤	土壤的干燥情况	1年4次
雨水径流入口配水和溢流设施	雨水径流入口是否堵塞或冲刷破坏	建造后2年内1年4次，以后1年2次；或大暴雨后24h内
	查看配水和溢流设施是否淤积	
存水区、边坡、溢流口	存水区是否有泥沙淤积	
	边坡是否坍塌	
	溢流口是否通畅	
储水	雨水排空时间是否大于48h	
水质	出水水质	
穿孔管	穿孔管排水是否顺畅	
维护对象	维护内容及方式	维护周期
植被	补种植物	至少1年2次，视检查结果确定
	清除杂草、死株和病株	
	修剪植物，收割植被	
	及时浇灌植物，施加肥料	
生物滞留设施	杂物及垃圾的清理	视检查结果确定
覆盖层	修整覆盖层、更换覆盖层	1年1次，视检查结果确定
表层	更换表层种植土、土工布或砂滤层	检查结果显示过滤层及地下排水层失去功效后，通常在使用5～10年后

生物滞留设施的维护事项　　　　　　表3-5

维护事项	日常	季度	半年	一年	备注
沉淀物、垃圾、杂物清除	√				日常清扫保洁
下渗表面淤积巡检		√			—
植物疾病感染，长势不良情况巡检		√			根据植物特性及设计要求
进出水口堵塞情况巡检			√		暴雨前后
孔洞和冲刷侵蚀情况巡检				√	暴雨后
长势不良植物替换				√	按需
覆盖层补充				√	根据设计要求
置换覆盖层或换土层				√	按需

3.6.3 生物滞留设施植被养护（表 3-6）

生物滞留设施植被养护 表 3-6

项目	养护频率	养护标准
外观度（LOA）检查	① 栽后 3 个月应加强 LOA 检查频率，并建立每 500m² 的照片日志； ② 后期每年 2 次或每次暴雨后（2 年以上重现期降雨强度）定期检查，但出现极度干旱期时应加强检查频率	① LOA 检查内容包括植物病害、枯死株、矮化生长与植物衰老情况等，并评估植被的覆盖率；若无法确定植物病态原因时，应及时咨询园林专家； ② 成型后的植被应满足：植物存活率在 90% 以上；植被覆盖率超过 80%；至少有两种物种；达到原始设计种植密度；生长期内 50% 以上的植物有所长高；植物通过根茎或种子进行了繁殖；无杂草
植物修剪	按设计造型进行修剪，并根据植物的生物学特征，结合不同的种植季节，以不损坏树木自然姿态为前提，同时保持地上地下平衡为原则确定修剪强度	根据当地园林绿化设计规范或养护质量标准确定修剪标准，如剪除枯死枝、病虫枝、过长枝等
植物收割	不定期	① 根据所处位置决定，若生物滞留设施与道路存在一定的高差，收割后的草坪高度与路面高差应保持在 40~50mm，同时不低于设计淹没深度； ② 通过植物收割能促进新枝嫩叶的形成，并彻底去除氮磷，强化对营养物的去除；收割高度应根据不同季节、景观需求、植物生长速度等确定
覆盖物添加与更换	按需	① 应根据土壤侵蚀情况来确定是否需重新添加覆盖物； ② 在径流重金属负荷高的地区，则需对覆盖物每年更换 1 次
浇水灌溉	① 栽后 3 个月内：干旱期或首次暴雨过后，每周至少一次；地被植物栽后 4~5d 内每天早晚浇水，采用草籽种植时，应在种子萌发前每天喷水 1~2 次； ② 后期：两周一次，依据季节情况而定；植被成型后，初冬、干旱季节以及新枝绿芽出现时仍需进行浇水，需水量应根据植物健康情况确定	① 对于降水量偏少地区，建议每株植物栽后 6 周内每周浇水 2.5~5.0L； ② 优先采用喷灌等节水灌溉技术，但灌溉时土壤不可沾污植株； ③ 干旱地区或干旱季节，栽种前应先浇水浸地，浸水深度 10cm 以上； ④ 每次浇灌水量应满足植物存活和生长需要
枯死株更换	栽后 3 个月内应根据枯死株情况，及时更换； 后期可缩减至每年更换一次	① 栽后 1 年内容易出现 10% 的枯死株，但后期存活率会不断提高； ② 若出现某些植物物种枯死率较高时，应及时更换为其他物种
杂草清除	每 3 个月或根据景观要求确定，后期可逐渐减少	① 应人工清除，不宜采用除草剂； ② 若人工清除劳动强度大时，应针对性地喷洒除草剂

4 植草沟

图 4-1 典型植草沟径流传输

（图片来源：http://landezine.com/index.php/2009/10/marina-park-in-viladecans/viladecans-park-vilamarina-24/）

4.1 设施概述

4.1.1 定义

植草沟是种植草皮下凹 200mm 左右且具备一定纵向坡度的生态雨水传输沟渠，常用以代替广场、道路周边排水沟出现。通过下凹式的沟渠和植物的协同作用，把雨水传输至下游大型海绵设施内调蓄净化，实现雨水径流的传输和净化。

4.1.2 功能

相较于传统硬质沟渠的排水模式，植草沟不仅能够改善、美化景观空间，还能够通过植被和土壤对地面污水进行滞留、渗透、过滤，从而减缓地面径流流速，以弹性的排蓄空间降低暴雨产生的城市排水压力，过滤径流中的污染物（图 4-2）。

植草沟可以增强城市生态功能，保护生态系统多样性；缓解集中降水时地面的径流流速，从而减少水土流失；吸附、过滤悬浮的固体颗粒、有机污染物和重金属等微量元素；提供雨水的明渠传输且拥有良好植被景观。

其优点在于：① 与植被覆盖的下凹绿地相比，植草沟更窄和短，应用场地限制更少，可用来满足场地绿化面积的要求；② 建设及维护费用低；③ 美学效果良好，易与景观相结合。

图 4-2 植草沟生态景观性较好（闫邱杰 摄）

图 4-3 干式抛物线形植草沟（闫邱杰 摄）

图 4-4 可渗透湿式梯形植草沟（闫邱杰 摄）

缺点在于：① 储存雨水效果低、下渗功能弱，需要更深层次的改良土壤和地下排水岩层来弥补其较小的尺寸，仅限于雨水传输功能，通常末端衔接其他雨水调蓄设施；② 植草沟较长或坡度较大时，雨水冲刷易导致沟内水土流失，其坚固程度低于工程性排水沟，应当合理设置坡度和挡水坎，控制流速；③ 在旧城区及开发强度较大的新建城区等区域易受场地条件制约。

4.1.3 分类

根据地表径流在植草沟中的传输方式不同，植草沟分为三种类型：标准传输植草沟、干植草沟、湿植草沟。根据其坡底造型不同，可分为三种类型：抛物线形植草沟、三角形植草沟、梯形植草沟（图 4-3、图 4-4）。

4.2 选址与布局

植草沟平面布局应考虑坡度问题，当坡度较大导致水流冲刷变强时，每隔一定距离要布置挡水坎，挡水坎根据坡度大小间隔 $10\sim25m$，设置形式见图 4-5。植草沟一般适用于道路和广场旁边绿地中，代替传统硬质排水沟，因此生态植草沟的设计应在满足排水要求的同时对设计构造具有一定的要求。例如增城水厂生态园区在人行道旁设置植草沟，收集车行道、人行道雨水径流进行初步净化后传输到周边雨水花园中（图 4-6、图 4-7）。

具体的选址与布局的原则如下。

（1）植草沟适用于建筑与小区内道路、广场、停车场等不透水露面的周边或城市道路、城市绿地等区域。具体设计参数见表 4-1。

（2）干植草沟相较于传输型植草沟增加了土壤过滤以及地下排水系统，适用于居住区，可通过定期割草保持植草沟干燥。

（3）湿植草沟相较于干植草沟增加了蓄水的功能，在暴雨后可呈现沼泽状态，适用于过滤小型停车场或屋顶的雨水径流，但因土壤在较长的时间内保持潮湿状态，可能产生异味和蚊虫等卫生问题，不适用于居住区。

（4）梯形植草沟适用于公路用地紧张地段，其宽度相较于抛物线形植草沟、三角形植草沟更深、更窄。在占地面积有限的情况下，通过增大沟深也可以起到同样的泄水能力，但该种沟型的边坡及沟底都会受到强水流的侵蚀，所以在设计时应根据坡度情况增加三维网草皮，防止水土流失。

（5）三角形植草排水沟主要适用于低填方路基且公路占地面积充裕的情况，此时

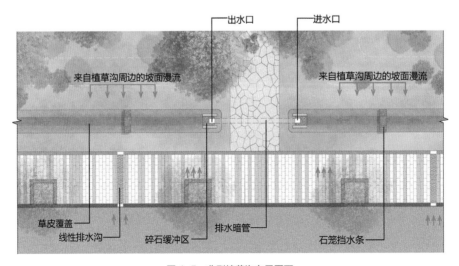

图 4-5 典型植草沟布局平面

图 4-6　增城水厂生态园区步道内抛物线型植草沟
（图片来源：GVL 怡境国际设计集团）

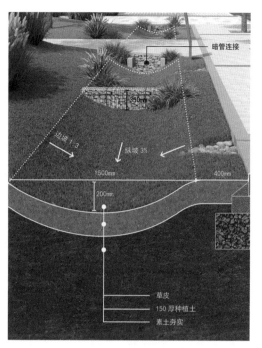

图 4-7　增城水厂生态园区步道植草沟剖面图
（图片来源：GVL 怡境国际设计集团）

排水沟可以做得宽而浅，其泄洪能力强且视觉效果极佳，但占地面积较大。当路堤高度较小时，为保证排水沟内的水不进入路基，可考虑在排水沟下设置渗沟。

（6）植草沟通常设置在低倾斜的草坪，纵坡不应大于4%，当纵坡坡度较大时应设置为阶梯型植草沟或在中途设置消能台坎。

（7）植草沟应用面积相对较小，不宜作为建筑落水管断接口、行洪通道或非线性应用设施，如有需要，应结合环境条件进行平面和竖向规划，保证浅沟在重力流排水时畅通无阻，考虑受纳水体的高程控制并安装溢流口，或与周边汇水分区相连接形成一定规模的雨水收集控制系统，如与生物滞留池、湿塘或高位花坛等低影响开发设施的预处理设施相连接进行雨水径流转输。

（8）植草沟设施底部距离地下水位应大于600mm，如果不能满足，则必须提出另一种雨水处理方法。

（9）植草沟应建设在距离供水井大于9m，距离化粪池系统大于7m，距离建筑地基大于3m的位置。

（10）植草沟距离道路边界宜大于800mm（在有条件的情况下），同时为行道树和路灯退让用地界线（表4-1）。

植草沟部分设计参数 表 4-1

设计参数	取值（范围）	设计参数	取值（范围）
浅沟深度	50～250mm	浅沟顶宽	0.5～2.0m
浅沟长度	宜大于 30m	草的高度	50～150mm
侧面坡度	1：5～1：3	最大径流速度	0.8m/s
曼宁系数	0.2～0.3	浅沟纵向坡度	0.3%～5%

4.3 结构与做法

设计植草沟的空间和结构时应该注意以下几点，典型剖面图如图 4-8 所示。

（1）植草沟的边坡坡度不宜大于 1：3，纵坡不宜大于 4%，当纵坡较大时，应设置为阶梯型植草沟或增设消能台坎减缓径流，增加渗水量，台坎一般高度为 7～15cm，每 6～12m 设置一处。

（2）植草沟最大流速应小于 0.8m/s，曼宁系数宜为 0.2～0.3。

（3）植草沟的深度宜为 100～200mm（规范要求），如需贴近路旁，则建议深度为 80～100mm。

（4）在植草沟进出口对置卵石消能区可减少雨水冲刷造成的水土流失。

（5）采用改良土壤，雨水流入植草沟内可以更好地滞留、渗透从而促使沟内植物更好地生长，减少物理、化学、微生物污染及夏季灌溉需求。

（6）植草沟边应设安全警示标志。

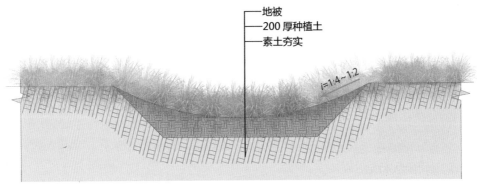

图 4-8 典型植草沟剖面图

4.4 景观因素考量

植草沟应用于道路及广场旁边时，应预留800mm以上景观缓冲范围，作为乔木种植、路灯、垃圾桶的放置空间，同时也避免行人踏空（图4-9）。植草沟入水口放置碎石、卵石等材料作为雨水缓冲区，防止雨水入口大量径流冲刷造成植被破坏或漏土现象影响景观效果（图4-10）。植草沟内挡水坎可用景观效果较好的石笼、自然面石材或独特设计的造型，在造价费用有限情况下可放置成堆卵石或大块碎石（图4-11、图4-12）。沟体内部排水口或溢流口根据景观效果进行造型设计，也可用碎石、卵石遮盖裸露结构（图4-13）。

图4-9 植草沟距人行流线缓冲范围（阎邱杰 摄）

图4-10 植草沟内入水口的雨水缓冲区（阎邱杰 摄）

图4-11 景观挡水坎
（图片来源：https://www.susdrain.org/case-studies/case_studies/queen_maryrs_walk_llanelli.html）

图 4-12　挡水坎结合道路
（图片来源：https://www.
susdrain.org/delivering-suds/
using-suds/suds-components/
swales-and-conveyance-
channels/swales.html）

图 4-13　二次设计溢流口
（图片来源：https://www.centralcoastlidi.org/landscape.php；https://www.ledevoir.com/
vivre/jardinage/538887/billet-gerer-l-eau-de-pluie-autrement）

4.5　植物筛选与配置

　　植草沟既是一种有效的雨水收集、传输和净化系统，也是海绵城市绿色设施的重要节点，因此应选择耐冲刷、耐涝且具有景观效果的植物（图 4-14）。

　　植物的选择需符合以下原则。

　　（1）选用抗逆性强、根系发达、净化能力强的植物，植物根茎能够减缓水流的速度，使径流中的固体颗粒逐渐沉淀。

　　（2）植草沟下雨时被水淹没，不下雨时大部分时间为干涸状态，所以应当注意选择耐周期性水涝及长时间干旱的植物。

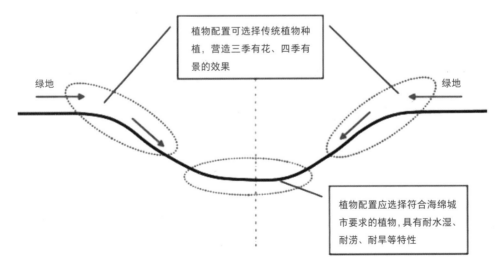

图 4-14　植草沟植物品种种植区域划分

（3）过高的植物容易因雨水冲刷而引起植物倒伏现象，因此，所选植物的高度应该控制在50～150mm。

（4）应当分级添加栽培介质，通过植物根系与土壤的作用，吸收径流中的营养物质，并为微生物提供良好的栖息场所，加强污染元素的吸收与沉淀。

（5）优先选用本土植物，适当搭配外来物种，提高物种多样性，为城市中的动物提供小型的栖息地。

（6）选择经济适宜的植物，种植养护成本低，可进行粗放管理。

植物配置应遵循采用不同颜色、不同高度的植物进行多品种混植搭配，并结合植物花期打造不同季节的景观、效果，增添观赏价值的原则。

沟内绿地可选择结缕草、狗牙根、细叶麦冬、高羊茅、矮生百慕大、马尼拉草、黑麦草等。沟旁绿地可选择紫穗狼尾草、花叶芒、红花酢浆草、白三叶、日本血草、金叶苔草等（图4-15，表4-2）。

植草沟植物选择表　　　　　　表4-2

名称	科属	优点	缺点
结缕草	禾本科结缕草属	阳性，耐阴、耐热、耐寒、耐旱、耐践踏，适应性强，喜温暖湿润气候	不耐高温，夏季会有枯黄期
狗牙根	禾本科狗牙根属	极耐热和抗旱，耐水淹，适应的土壤范围很广	不耐寒、不耐阴
细叶麦冬	百合科山麦冬属	喜半阴、湿润而通风良好的环境，常野生于沟旁及山坡草丛中，耐寒性强	不耐暴晒
高羊茅	禾本科羊茅属	抗逆性强，耐高温、耐酸、耐瘠薄	生长较快，要勤修剪
矮生百慕大	禾本科狗牙根属	喜光，耐阴、耐践踏、耐寒	须根分布较浅，夏天遇干旱时，易出现匍匐茎嫩尖或叶片干枯
马尼拉草	禾本科结缕草属	喜温暖、湿润环境，耐干旱、贫瘠，抗病能力强	秋季会转变为棕色
黑麦草	禾本科黑麦草属	喜温凉湿润气候	耐寒耐热性均差，不耐阴、不耐瘠
紫穗狼尾草	禾本科狼尾草属	喜光，耐高温、耐旱、耐寒，极具观赏价值	植株较高，易倒伏
花叶芒	禾本科芒属	喜光，耐寒、耐旱，也耐涝，不择土壤	不耐阴
红花酢浆草	酢浆草科酢浆草属	喜向阳、温暖、湿润的环境，夏季炎热地区宜遮半阴，抗旱能力较强，对土壤适应性较强	不耐寒
白三叶	蝶形花亚科车轴草属	喜温暖湿润气候，对土壤要求不高	要避免长时间积水
日本血草	禾本科白茅属	喜光，耐热，喜湿润而排水良好的土壤	—
金叶苔草	莎草科苔属	喜光、喜湿润、耐半阴，适应性强	要避免积水，否则易造成烂根

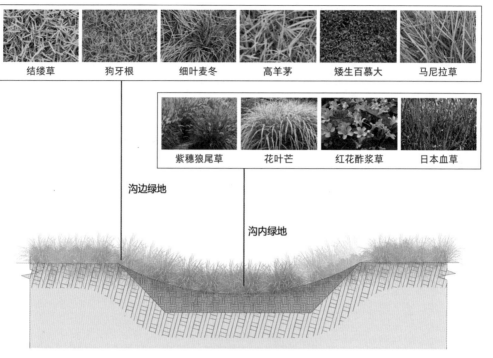

结缕草　狗牙根　细叶麦冬　高羊茅　矮生百慕大　马尼拉草

紫穗狼尾草　花叶芒　红花酢浆草　日本血草

沟边绿地

沟内绿地

图4-15　植草沟植物种植区品种选择

4.6　运营与维护

植草沟的运营及维护有以下要点。

（1）应及时补种修剪植物、清除杂草。

（2）进水口不能有效收集汇水面径流雨水时，应加大进水口规模或进行局部下凹等。

（3）进水口因冲刷造成水土流失时，应设置碎石缓冲或采取其他防冲刷措施。

（4）沟内沉积物淤积导致过水不畅时，应及时清理垃圾与沉积物。

（5）边坡出现坍塌时，应及时进行加固。

（6）由于坡度较大导致沟内水流流速超过设计流速时，应增设挡水堰或抬高挡水堰高程。

具体维护周期如表4-3所示。

植草沟设施巡查频次及维护频率周期表　　　　　　　　　　表 4-3

维护事项 ＼ 周期	日常	季度	半年	一年	维护类型	备注
检查积水	√				日常巡查	—
植物疾病感染	√				日常巡查	根据植物特性
长势不良植物替换		√			简易维护	按需
修剪植株		√			局部功能性维护	根据植物特性及设计要求
进、出水口堵塞情况巡检	√				日常巡查	暴雨前、后
孔洞和冲刷侵蚀情况巡检	√				日常巡查	暴雨后
沉积物、垃圾、杂物清除	√				简易维护	清扫保洁
暗渠检查 / 清洗				√	整体功能性维护	清扫保洁
整体置换覆盖层及表层种植土				√	整体功能性维护	设施形态保持

5 绿色屋顶

图 5-1　绿色屋顶（阎邱杰 摄）

5.1　设施概述

5.1.1　定义

绿色屋顶（屋顶绿化、生态屋顶）是一种由植被覆盖的屋顶形式，可捕获雨水径流，并将其暂时储存在生长介质中，然后再输送到雨水排放系统中。一部分雨水蒸发或被植物吸收，可帮助减少场地的雨水径流量和污染物负荷。

5.1.2　功能

绿色屋顶可以对场地内第一场 25 毫米降雨进行管理，拦截到的部分降雨会蒸发或是被植物吸收，有助于减少场地内的径流量，降低洪峰径流流速。大型的绿色屋顶还可以用来对大暴雨（例如 2 年一遇或 15 年一遇的暴雨）所产生的雨水径流进行滞留，绿色屋顶的雨水管理能力参数详见表 5-1。

对现有开发密集的城区，可以利用绿色屋顶对建筑灰色屋顶进行改造，增加城市覆绿，缓解城市热岛效应，尽可能地恢复因建筑破坏的自然水文，补偿建筑占据的自然植被。

绿色屋顶的雨水管理能力及污染物去除率	表 5-1
满足特定标准的能力	
标准	效果
洪峰	可在小型暴雨时削减洪峰
补给	不提供地下水补给
去除悬浮物	绿色屋顶的面积大小可根据需要保持的水质水量而定，绿色屋顶的面积可从用于计算所需水质水量的不透水表面中扣除，以确定其他结构处理措施的面积大小
高污染物负荷	不适用
关键区域附近或附近排放	不适用
污染物去除情况	
总悬浮固体（TSS）	不主动去除悬浮物
总磷（TP）	增加总磷
总氮（TN）	不能去除增加的总氮
锌	无记录
病原体（大肠杆菌）	无记录

（表格来源：译自 "Massachusetts Department of Environmental Protection, Massachusetts Stormwater Handbook［Z］. 1997"）

5.1.3 分类

绿色屋顶通常分为简单式绿色屋顶（extensive green roof）和花园式绿色屋顶（intensive green roof）。

（1）简单式绿色屋顶（extensive green roof）

简单式绿色屋顶又分为草坪式和容器式，可直接放置于屋面隔热砖或水泥面表层。草坪式绿色屋顶运用的植物应无毒、无害、根系不发达、耐旱耐涝、不容易滋生病虫，优先采用不施肥、不洒药、不浇水可自然生长的植物，如华南铺地锦竹草、佛甲草等（图 5-2～图 5-4）。

图 5-2 草坪式绿色屋顶 1
（图片来源：https://isdos.wordpress.com/2016/01/25/un-jardin-en-el-tejado/）

图 5-3 草坪式绿色屋顶 2
（图片来源：http://www.a-green.cn/document/201201/article5587.htm）

图 5-4　容器式绿色屋顶

（图片来源：https://www.kindpng.com/imgv/iiTTJwm_sedum-green-roof-trays-hd-png-download/）

（2）花园式绿色屋顶（intensive green roof）

主要指设计师运用设计手法，以美观欣赏、休憩疗愈等为目的，选择性地育花种树、铺植绿草，创造空中景观，为居民提供舒适的活动空间（图 5-5、图 5-6）。

花园式绿色屋顶的基本构造（自上而下）包括植被层、种植土、过滤层、排（蓄）水层、保护层、耐根穿刺防水层、普通防水层、找平层、找坡层、保温（隔热）层、找平层和结构层。

图 5-5　梨花女子大学花园式绿色屋顶

（图片来源：https://divisare.com/projects/201254-dominique-perrault-architecture-ewha-womans-university）

图 5-6　花园式绿色屋顶

（图片来源：https://inhabitat.com/lush-green-roof-terrace-crowns-leed-platinum-seeking-building-in-silicon-valley/brick-nuance-communications-building-leed/）

5.2　选址与布局

新建设的绿色屋顶应根据建筑条件综合全面考虑海绵设施的建设，例如珠海横琴市民文化艺术中心新建屋顶花园，通过综合布局透水铺装、雨水花园、渗透设施等全面解决了屋顶的雨水消纳问题，并为市民提供了休憩和娱乐的空间（图 5-7、图 5-8）。

具体的选址与布局原则如下。

（1）绿色屋顶适用于结构安全、符合防水条件的平屋顶和坡度不大于 20° 的坡屋顶建筑，优先布置在多层建筑及面积较大的建筑裙楼，坡度大于 20° 的坡屋顶房屋建筑鼓励设置绿色屋顶，但应充分考虑其防滑性、稳定性、植被养护等技术问题。

（2）简单式绿色屋顶对于新旧屋面均适用，尤其适用于原有屋面的绿色屋顶改造。

（3）将既有建筑屋面改造为绿色屋顶时，必须经有资质的设计单位和检测部门鉴定，核算结构承载力，并根据结构承载力确定其构造及种植形式，应选用轻质种植土和地被植物，或者使用容器式绿色屋顶。

（4）简单式绿色屋顶适用于建筑物静荷载不小于 $1kN/m^2$，构造层厚度为 25～40cm，屋面排水坡度不大于 20° 的屋面（图 5-9）。

（5）花园式绿色屋顶适用于建筑物静荷载不小于 $3kN/m^2$，构造层厚度为 25～100cm，屋面排水坡度不大于 20° 的屋面。

图 5-7 珠海横琴市民文化艺术中心绿色屋顶鸟瞰图
（图片来源：GVL 怡境国际设计集团）

图 5-8 珠海横琴市民文化艺术中心绿色屋顶剖面图
（图片来源：GVL 怡境国际设计集团）

图 5-9 简单式绿色屋顶（闫邱杰 摄）

图 5-10 乔木设计的位置贴近建筑承重位置（阎邱杰 摄）

（6）花园式绿色屋顶的布局应与屋面结构相适应。乔木类植物和亭台、水池、假山等荷载较大的设施，应设在柱或墙的位置（图 5-10）。

（7）新建绿色屋顶设计应考虑种植荷载在内的全部构造荷载，以及施工中的临时堆放荷载。对既有建筑屋面改造种植设计，必须对其原结构体系的承载能力重新核算，对其原防水和构造重新评估，必要时应加固改造后方可实施。

（8）建筑屋顶应达到《屋面工程质量验收规范》GB 50207-2012 建筑二级防水标准，重要建筑应达到一级防水标准。

（9）绿色屋顶要发挥绿化的生态效益，保证有足够的绿化面积，花园式绿色屋顶种植面积宜大于屋顶面积的 60%，简单式绿色屋顶种植面积宜在屋顶面积的 80% 以上。

（10）绿色屋顶的屋顶绿化应保证其与主要建筑物的原有安全通道畅通。

（11）建筑屋顶隔热草坪构造推荐在旧有屋面改造时使用，应对屋顶雨水口进行改造，满足海绵化改造要求。一般采用在原雨水口处加装控制径流排放装置，排放装置高程和绿化植物高程相同。

（12）绿色屋顶面积大小应满足处理量（treatment volum）要求。绿色屋顶的面积取决于几个因素，如排水材料的孔隙率、生长基质深度和储存量。场地设计时，设计师应咨询制造商和材料供应商以获取特定的尺寸指导。

5.3 结构与做法

5.3.1 详细设计要点

（1）绿色屋顶设计应遵循"防、排、蓄、植并重，安全、环保、节能、经济，因地制宜"的原则，并考虑施工环境和工艺的可操作性。

（2）容器式绿色屋顶的种植设计应符合：种植容器应轻便，易搬移，连接点稳固，便于组装、维护；种植容器宜设计有组织排水；种植容器下应设置保护层；容器式种植宜采用滴灌系统；容器式种植的土层厚度应满足植物生存的营养需求，不宜小于100mm。

（3）绿色屋顶种植土宜选用改良土或无机复合种植土，禁止使用三合土、石渣、膨胀土等土壤作为栽植土。种植土厚度不宜小于150mm。

（4）绿色屋顶的材料要求：普通防水材料的选用应符合现行国家标准《屋面工程技术规范》GB 50345-2012、《种植屋面工程技术规程》JGJ 155-2013；耐根穿刺防水材料的选用应符合国家相关标准的规定，并由具有资质的检测机构出具合格检验报告；排（蓄）水材料不得作为耐根穿刺防水材料使用（图5-11）。

（5）绿色屋顶排水设计应遵循以下要点。

① 绿色屋顶应按规范设置相应的排水系统和溢流系统，雨水排水系统设计应满足《建筑屋面雨水排水系统技术规程》CJJ 142-2014要求，保证暴雨后1h内排水，在排水口应有过滤结构（图5-12）。

② 屋面雨水管排入绿地等设施时，应视具体情况设置减少雨水冲击力的缓冲消

图5-11 防水材料的铺设

（图片来源：https://www.gavmattroofingessex.co.uk/3b-roofing-separator-sheet-under-pvc-membrane/）

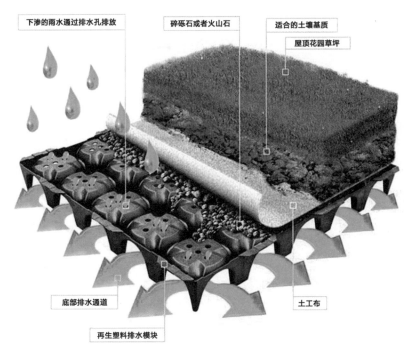

下渗的雨水通过排水孔排放

碎砾石或者火山石

适合的土壤基质

屋顶花园草坪

底部排水通道

土工布

再生塑料排水模块

图 5-12　绿色屋顶的排水结构展示
（图片来源：翻译自 https://www.pinterest.it/toti_semerano/bio/）

图 5-13　分层级的绿色屋顶卵石沟排水设计
（图片来源：https://haliburton.photoshelter.com/image/
I00000Wq.svUceXs）

图 5-14　绿色屋顶的雨水斗结构
（图片来源：https://www.specifiedby.com/whitesales/
drainage-outlets）

能措施（图 5-13）。

③绿色屋顶的排水坡度宜为 1%～2%，单向坡长大于 9m 时宜采用结构调坡。

④利用屋面现有排水系统，如排水沟、雨水斗、落水系统、虹吸排水等，设计中尽量不破坏屋面排水整体性，避免以地表径流方式排水（图 5-14）。

⑤为解决屋顶园路的排水可以在屋面找坡层设置 2% 左右的坡度，在道路铺装边缘设计排水渠或使用珍珠岩等颗粒性透水材料整铺排水层，此方法加快了雨水进入

排水系统的速度，同时起到一定的过滤作用。

⑥蓄水用作植物灌溉时，砌筑花台床埂时应在女儿墙间留出净宽符合要求的天沟，设置完善的排水系统，包括溢水孔、天沟、出水口、排水管道，应注重定期清理和疏导以满足排水泄洪需要。

⑦绿色屋顶的排水收集口应能有效排除屋顶表面径流和种植土下的排水层的渗流，排水收集口可设置在雨水收集沟内。

⑧绿色屋顶的雨水设计应有种植层疏排水及面层径流排水，总排水能力应按照普通屋面雨水设计，雨水立管排水能力不得被削弱，雨水立管应当接排至地面低影响开发设施。

（6）绿色屋顶安全性应满足以下要求。

①植物荷重设计应按植物在该环境下生长10年后的荷重估算。

②绿色屋顶种植的布局应与屋面结构相适应，乔木类植物考虑防风及加固设计，在风力较大区域设计低矮植物。

③进行绿色屋顶改造时，为实现屋顶海绵化功能，雨水口应加装防塞排水装置。防塞排水装置可以有效地防止水流中的杂物堵塞下水道入口，且具备缓冲结构，能够克服水流的冲击力。将装置放于屋面落水口上方即可安装完毕。

④为防止高空物体坠落和保证行人安全，应在屋顶周边设置高度为自站立平面起1050mm以上的挡墙或防护围栏。要注意植物和设施的固定安全，防止高空坠物。

（7）绿色屋顶应设计可溢出的导流槽和管道，在暴雨等极端条件下，可将多余雨水引入周边绿地内小型、分散的低影响开发设施，或通过植草沟、雨水管渠将雨水引入场地内的集中调蓄设施。

（8）绿色屋顶宜设置雨水收集系统，水管、电缆线等设施应铺设于防水层上，屋面周边应设安全防护设施，灌溉宜采用滴灌、喷灌和渗灌等。

（9）绿色屋顶的种植植被应为风机、冷却塔等设备预留维修通道和通风通道，应设计围挡减轻风机、冷却塔等设备对绿化种植的影响。

（10）绿色屋顶的设计荷载除应满足屋面结构荷载外，还应符合：种植土的荷重应按饱和水密度计算；植物荷载应包括初栽植物荷重和植物生长期增加的可变荷载。初栽植物荷重应符合表5-2。

初栽植物荷重 表5-2

项目	小乔木（带土球）	大灌木	小灌木	地被植物
植物高度或面积	2.0~2.5m	1.5~2.0m	1.0~1.5m	1.0m²
植物荷重	0.8~1.2kN/株	0.6~0.8kN/株	0.3~0.6kN/株	0.15~0.3kN/m²

（11）一般绿色屋顶可与蓄水屋面结合，建成蓄水绿色屋顶。其设计应符合《屋面工程技术规范》GB 50345-2012；种植床内的水层靠轻质多孔粗骨料蓄积，粗骨料的粒径应不小于 25mm，蓄水层的深度应不小于 60mm；为保持蓄水层的畅通，不至于被杂质堵塞，应在粗骨料的上面铺 60～80mm 厚的细骨料滤水层；细骨料按 5～20mm 粒径级配，下粗上细逐层铺填；为减轻屋面板的荷载，栽培介质的推挤密度不宜大于 10kN/m²；蓄水种植屋面应根据屋顶绿化设计用床埂进行分区，每区面积不宜大于 100m²；床埂宜高于种植层 60mm 左右，床埂底部每隔 1200～1500mm 设一个溢水孔，溢水孔处应铺设粗骨料或安设滤网以防止细骨料流失。

（12）地下建筑顶板的种植设计应满足：顶板应为现浇防水混凝土，并应符合现行国家标准《地下工程防水技术规范》GB 50108-2008 的规定；顶板种植应按永久性绿化设计；种植土与周界地面相连时，宜设置盲沟排水；采用下沉式种植时，应设自留排水系统；地下建筑种植土高于周边地坪土时，应按屋面种植设计要求执行。

（13）既有屋面改造应满足：改造前必须检测鉴定结构安全性，应以结构鉴定报告作为设计依据，确定种植形式；改造为绿色屋顶宜选用轻质种植土、地被植物；建筑进行低成本绿色屋顶改造时，可考虑在建筑附近设集水桶、蓄水池等雨水收集设施，并通过雨水管与屋顶衔接，将多余雨水排至绿化用地中，实现在其他场地的雨水利用（图 5-15）。

（14）屋顶植被多选用地被植物、宿根花卉、藤本植物和灌木，根系较浅、蓄水量大，因此宜选用喷灌和滴灌等节水的方式。目前绿化喷灌系统主要有手动开关灌溉系统、太阳能微电脑喷灌自动控制器系统、园林灌溉微电脑控制器系统（图 5-16）。

（15）绿色屋顶除了固定树木本身外，还可以设置防风墙，来改变风向或减小风压以达到防风的目的。

图 5-15 使用容器式植被对既有屋面进行覆绿改造
（图片来源：https://www.roofingmegastore.co.uk/wallbarn-m-tray-sedum-green-roof-with-geotextile-fleece.html）

图 5-16 绿色屋顶喷灌系统
（图片来源：https://www.archiexpo.com/prod/zinco-gmbh/product-66390-1811325.html）

（16）绿色屋顶防水层应满足以下要求。

①耐根穿刺防水层宜选用 4mm 弹性体（SBS）改性沥青防水卷材、4mm 弹性体（APP）改性沥青防水卷材、1.2mm 聚乙烯（PVC）防水卷材、1.2mm 热塑性聚烯烃（TPO）防水卷材等。

②普通防水层的一道防水材料宜选用 4mm 改性沥青防水卷材、1.5mm 高分子防水卷材、3mm 自粘聚酯胎改性沥青防水卷材、2mm 合成高分子防水涂料等。

5.3.2 各结构组成的详细设计要点

一般绿色屋顶（以花园式绿色屋顶为例）的结构由下至上分别由防水层（阻根层）、排（蓄）水层、过滤层、基质层、种植层等组成（图 5-17），其结构的细部详细设计如下。

（1）阻根层

阻根层铺设在防水层上，排（蓄）水层下，搭接宽度不小于 100cm，厚度宜大于30mm。

宜选用同时具有轻质防腐、防水、防根刺破特点的卷材，如合金、橡胶、聚乙烯和高密度聚乙烯等，接缝应做处理，并向建筑侧墙立面延伸 150～200mm，防止根从接缝处穿入屋顶构造层。

防水层已具备阻根功能的，或种植的是根系不发达的植物时可不设计阻根层。

（2）排（蓄）水层

应根据屋面找坡、植物配置及布局，在过滤层下设置集水口、排（蓄）水层、水平集水管和排水孔，连接到原有建筑物排水口，组成排水系统。

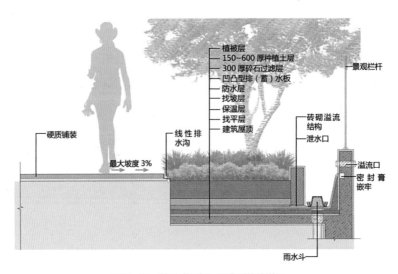

图 5-17　花园式绿色屋顶典型构造详图

排（蓄）水层可选用疏排（蓄）水板材、陶粒、轻质人工砾石（粒径20～30mm）和排水管等不同的排水形式，迅速排出多余水分，改善基质的通气状况，并可蓄存少量水分。

屋面面积大于200m² 或为反梁设计时，排（蓄）水层宜分区设置，每区设一个排水孔，排水孔处应置纤维袋装级配人造轻质砾石或加格栅水箅。

排（蓄）水层选用陶粒或其他轻质人工砾石等粒状材料时，厚度不应小于50mm；明排水时，应在种植区和女儿墙之间设置不大于300mm的外围排水沟；最大排水能力应大于4L/（m·s）。

应根据集水口、排水口设置观察口，用于检查屋顶排水系统的通畅情况，防止堵塞造成水浸。

（3）过滤层

过滤层铺设在排（蓄）水层上，基质层下，搭接缝的有效宽度不宜小于200mm，并向建筑侧墙面延伸至基质表层下方50mm处。

过滤层应选用既能透水又能隔绝种植土细小颗粒的防腐材料。过去常用的鹅卵石、火山石、焦炭重量太大，现常用玻璃纤维或无纺布，常用的材料还有稻草、粗砂、细炉渣等。

选用的无纺布刺穿强度应大于10N，渗透系数应大于1×10^{-4}m/s，且种植土壤通过土工布的比例不超过7%。

（4）基质层

屋顶绿化基质荷重应根据湿密度进行核算，应控制在建筑荷载允许的范围内。

土壤层厚度应按照种植植物要求确定，适宜厚度为100～250mm；田间持水点时土壤层湿度大于10%。土壤层黏土含量应小于1%，最大孔隙率应大于25%，渗透系数应大于1×10^{-5}m/s、小于1×10^{-4}m/s，pH值宜在5.5～7.9之间。

基质层宜选用质量轻、通透性好、持水量大、酸碱度适宜、清洁无毒的轻质配方土壤。

常用基质类型和配制比例参见表5-3，可通过土壤轻化手段减轻结构荷载，具体做法是将土壤改良材料（将天然矿石加热至2000℃，使其发泡制成多孔材料）混入土壤中使用，或采用锯末、硅石等材料替代土壤进行植物无土栽培（适用于小面积种植）。

人工轻量土壤的分类详见表5-4，基质层进行地形设计时应结合荷载要求、排水条件、景观布局和不同植物对基质厚度的要求统一考虑。

植物栽培基质的最小厚度应符合表5-5的要求。

（5）植被层

植被层是指在种植区通过种植、铺设植生带和播种等形式种植的各种植物，包括乔木、灌木、地被植物、攀援植物等。

　　根据屋顶荷载和使用要求，可容器种植组合形式在屋顶上布置观赏植物，简单式绿色屋顶绿化可利用耐旱草、草花、灌木或可匍匐的攀援植物进行屋顶覆盖绿化。

　　以突出生态效益和景观效益为原则，条件许可的情况下，植物配置应以复层结构为主，由小型乔木、灌木和地被植物组成。

常用基质类型和配置比例参考　　　　　　表 5-3

基质类型	主要配比材料	配制比例（体积比）	湿密度（g/cm³）
改良土	田园土、轻质骨料	1:1	1.2
	腐叶土、蛭石、沙土	7:2:1	0.78~1
	田园土、草炭、蛭石	4:3:1	1.1~1.3
	田园土、草炭、松针土、珍珠岩	1:1:1:1	0.78~1.1
	田园土、草炭、松针土、珍珠岩	3:4:3	0.78~0.95
	轻砂壤土、腐殖土、珍珠岩、蛭石	2.5:5:2:0.5	1.1
	轻砂壤土、腐殖土、蛭石	5:3:2	1.1~1.3
超轻量基质	无机介质	—	0.45~0.65

（表格来源：北京市园林科学研究所. 屋顶绿化规范 DB11/T 281-2005[S]. 北京：北京市质量技术监督局，2005.）

人工轻量土壤的分类　　　　　　表 5-4

分类	种类	特点
无机类人工土壤	珍珠岩系列、多种经特殊加工的岩石煅烧物的混合物，多孔砾岩加工的轻质土	干燥时比重为 0.52，湿润时为 0.9，抗飞散性差，保水性好，透水性稳定
有机类人工土壤	针叶树树皮的纤维类有机人工轻量土	养分含量相对较高、稳定的土壤类型
混合类人工土壤	植物纤维、珍珠岩等的混合系列（有机、无机材料的混合）	保水透气、抗飞散

（表格来源：殷丽峰，李树华. 日本屋顶花园技术 [J]. 中国园林，2005（05）：62-66）

植物栽培基质厚度　　　　　　表 5-5

植物类型	植物高度（cm）	基质厚度（cm）
简单式绿色屋顶草本、地被植物	5~20	≥5
花园式绿色屋顶草本、地被植物	20~50	10~20
小灌木	50~150	30~40
大灌木	150~200	40~50
小型乔木	200~300	50~60

（表格来源：河南省农业科学院，河南希芳阁绿化工程有限公司. 屋顶绿化技术规范 DB 41/T 796-2013[S]. 郑州：河南省质量技术监督局，2013.）

5.4 景观因素考量

当屋面坡度大于 20%，或有其他因素导致土体可能滑动时，应在表层土下加设防滑装置或将坡屋面种植基质做成台阶式，每阶设计成花池状，此时还可考虑将人行动线延伸至坡屋顶，充分增加与环境的互动性和步行的趣味性（图 5-18、图 5-19）。

在屋顶的视觉交点处设计异形雕塑或创意装置，可以提升游人的情绪，丰富空间层次，于夜间的人造灯光中展现诱人的风采。雕塑与景观交织在一起，为游人带来视觉和感觉上的享受（图 5-20）。

在屋顶荷载条件允许的情况下，根据建筑的使用性质、业主的使用需求，宜考虑为绿色屋顶赋予不同功能的活动空间。例如将商业综合体的屋顶设计为儿童游乐园（图 5-21）、经营性商业街（图 5-22），将养老公寓的屋顶设计为康养花园（图 5-23）

图 5-18 杭州云栖小镇会展中心二期绿色屋顶——台阶式的坡面屋顶效果展示，有需要时，可在局部将台阶设计成花池形式，丰富空间景观元素

（图片来源：https://www.gooood.cn/second-stage-of-hangzhou-cloud-town-exhibition-center-china-by-approach-design.htm）

图 5-19 日本法政大学的绿色屋顶——模仿了传统水稻梯田的形式和功能，以实现最大的生产力，在需要时可有效地收集和储存雨水

（图片来源：https://worldlandscapearchitect.com/thammasat-university-the-largest-urban-rooftop-farm-in-asia/#.Xr47_ktG6w）

图 5-20 洛杉矶 Cedars-Sinai 医疗中心屋顶花园雕塑——雕塑的一侧安排了座椅，满足了游人停顿聊天的需求
（图片来源：https://www.contemporist.com/healing-garden-in-los-angeles/）

图 5-21 欣赏景色的同时多样的活动器材为成人和儿童带来很多乐趣
（图片来源：https://www.visitcopenhagen.com/copenhagen/planning/konditaget-luders-gdk1091081）

图 5-22 广州太古汇屋顶商业空间
（图片来源：https://www.xuejingguan.com/zyzx/thread-6588-1-1.html）

图 5-23　重庆龙湖颐年公寓康复花园
（图片来源：GVL 怡境国际设计集团）

等，充分利用屋顶空间，为市民提供丰富的活动空间。

实现经营性屋顶时，需要通过植物的设计产生不同的空间围合关系，充分进行互动区域、观赏区域和运动区域等的划分考量，并应注意按规范控制绿化和硬质的比例（图 5-24）。

图 5-24　洛杉矶 Cedars-Sinai 医疗中心屋顶花园——自由组合的花园小品可以营造出多种活动环境，如户外咖啡馆一般的轻松氛围
（图片来源：https://www.contemporist.com/healing-garden-in-los-angeles/）

在设计小面积绿色屋顶时，应考虑使用中国传统园林的造景手法，例如障景和对景，通过雕塑、植物和园林小品分割空间的同时，讲究"隔而不绝"的空间过渡形式，目的是为了既能弱化空间的边界，又能使空间相互渗透，使观赏者随着游览位置的不同，观赏到的景色也不相同，从而丰富其游览感受（图5-25）。

设计屋顶园路时，应根据人的使用特点和行动目的进行动线的设计，例如观赏路径的设计，可选择生态且野趣的景观节点，设计动线延伸贯穿，使该景点具有可达性，也可使用有趣的汀步元素（图5-26）。

设计屋顶园路时，还应注意防滑设计、无障碍设计及其他可能涉及的安全问题。材料选择以轻型、防滑材质为宜；园路可用作收集屋面水的排水沟；园路与绿化表面相差高度较大时，根据设计可选用轻质垫层垫高路面（图5-27）。

设计屋顶水景时，可考虑营造堤、岛、湖、池、溪、泉等生态小环境，也可考虑水幕墙的水体形式，其具有很强的物质感觉，能够创造使人兴奋或者优美的互动场景。流水营造的水雾可以通过声音、光线、触感和气味来改善建筑小环境的微气候。

图5-25　植被围合的疏密有致的空间
（图片来源：https://www.gooood.cn/oasis-terraces-by-serie-architects-multiply-architects.htm）

a　利用景观小品围合的折线动线空间　　　　b　由三种不同的材质组成的步道和休息空间

图5-26　澳大利亚伯恩利公共屋顶花园
（图片来源：HASSELL，https://www.gooood.cn/Burnley-Living-Roofs-HASSELL.htm）

　　夜间使用时，应适当设置景观照明，灯光色温不宜过大，在重要的观赏植物上局部设计射灯、草坪灯、灯带等，灯光的设计应强调人的使用感受和活动通畅性（图5-28）。

　　在植物的选择上，应选择无毒无刺的植物，注意根据植物的四季色相进行配置，尽量选择色彩丰富的植被，注意植物的种植密度应稀疏有致，避免露土现象（图5-29）。

图5-27　旧金山SALESFORCE客运中心沥青步道空间——利用植物和座椅错落围合，形成有趣的步行空间
（图片来源：https://www.gooood.cn/salesforce-transit-center-u-s-a-by-pelli-clarke-pelli-architects.html）

图5-28　灯光设计较好地烘托了夜晚的氛围
（图片来源：https://www.zhulong.com/zt_yl_3002258/detail41187047/）

图 5-29 Oasis Terraces 社区中心和医院屋顶植物空间营造

（图片来源：https://www.gooood. cn/oasis-terraces-by-serie-architects-multiply-architects.htm）

5.5 植物筛选与配置

绿色屋顶的植物筛选与配置原则如下。

（1）遵循植物多样性和共生性原则，根据气候特点、屋面形式，以生长特性和观赏价值相对稳定、滞尘控温能力较强的乡土植物和引种成功的植物为主，优先选择低矮灌木、草坪、地被植物等。

（2）应尽量减少对屋面排水系统的影响，宜选择四季常青、落叶较少、易于维护的植物。

（3）应选择根须发达的植物，不宜选用根系穿刺性较强的植物，以防止植物根系穿透建筑防水层。

（4）选择抗污性强，可耐受、吸收、滞留有害气体或污染物质的植物。

（5）乔木应栽植于建筑柱体处，土壤深度不足可选用箱载乔木。

（6）应选择易移植、耐修剪、耐粗放管理、生长缓慢的植物，不宜选择速生乔木和灌木植物。

（7）应选择抗逆性强的植物，抗旱、抗湿、抗空气污染、抗病虫害且滞尘能力强。

（8）低维护管理原则，可粗放管理，养护管理费用低，完工后可减少人工补植。

（9）应具备强再生能力与自播性，缺株或季节适应生长后，可自动蔓延补满。

（10）简单式绿色屋顶选用的地被植物多为耐寒、矮生多肉植物，为适应薄层介质，植株应浅根且有较发达的横向根系或须根系，例如景天属植物、露子花属植物、土人参属植物、长生草属植物或山柳菊属等能够适应当地气候条件，并可适应建筑屋顶恶劣生长条件的植物。

（11）花园式绿色屋顶的植物选择更为多样化，可以栽种草本植物、非禾本草本植物、禾本植物、灌木，甚至是乔木，多样的植被选择同时有更多的灌溉和景观维护需求，对于大乔木的种植应进行严格的荷载计算和控制。

（12）宜选择抗风、耐干旱、耐高温的植物，除地下室顶板以上的种植外，乔木和大灌木植物的高度不宜大于2.5m，距离边墙不宜小于2.5m，具体可参照《屋顶绿化技术规范》DB4401/T 23-2019与《立体绿化技术规程》DG/TJ 08-75-2014进行选择。

（13）应根据栽培介质和预期根系深度选择植物品种，为植物根系的横向生长提供空间，从而对栽培介质表面进行稳固，植物配置方案中通常会列出几种主景植物，用以增加屋顶植被景观的季节色彩表现（图5-30）。

广州地区常用的绿色屋顶植物见表5-6。

广州地区屋顶绿化常用植物

表5-6

植物	科名	拉丁名	备注
竹柏	罗汉松科	*Podocarpus nagi* (Thunb.) Zoll. et Mor ex Zoll.	乔木
罗汉松	罗汉松科	*Podocarpus macrophyllus* (Thunb.) D. Don	乔木
小叶榄仁	使君子科	*Terminalia neotaliala* Capuron	乔木
水石榕	杜英科	*Elaeocarpus hainanensis* Oliver	乔木
鸡冠刺桐	豆科	*Erythrina crista-galli* L.	乔木
黄皮	芸香科	*Clausena lansium* (Lour.) Skeels	乔木
人心果	山榄科	*Manilkara zapota* (Linn.) van Royen	乔木
鸡蛋花	夹竹桃科	*Plumeria rubra* L. cv. Acutifolia	乔木
鱼尾葵	棕榈科	*Caryota ochlandra* Hance	乔木
散尾葵	棕榈科	*Chrysalidocarpus lutescens*	乔木
蒲葵	棕榈科	*Livistona chinensis* (Jacq.) R.Br.	乔木
国王椰子	棕榈科	*Ravenea rivularis* Jum. & H.Perrier	乔木
狐尾椰子	棕榈科	*Wodyetia bifurcata* A.K.Irvine	乔木
旅人蕉	旅人蕉科	*Ravenala madagascariensis* Sonn.	乔木
大鹤望兰	旅人蕉科	*Strelitzia nicolai* Begel et Koern.	乔木
洋紫荆	豆科	*Bauhinia variegata* L.	乔木
苏铁	苏铁科	*Cycas revoluta* Thunb.	灌木
含笑	木兰科	*Michelia figo* (Lour.) Spreng.	灌木
鹰爪	番荔枝科	*Artabotrys hexapetalus* (L. f.) Bhandari	灌木
紫薇	千屈菜科	*Lagerstroemia indica* L.	灌木

续表

植物	科名	拉丁名	备注
石榴	石榴科	*Punica granatum* L.	灌木
簕杜鹃	紫茉莉科	*Bougainvillea glabra*	灌木
海桐	海桐科	*Pittosporum tobira*	灌木
茶花	山茶科	*Camellia* sp.	灌木
朱槿	锦葵科	*Hibiscus rosa-sinensis* Linn.	灌木
悬铃花	锦葵科	*Malvaviscus arboreus* Cav.	灌木
变叶木	大戟科	*Codiaeum variegatum* (L.) A. Juss.	灌木
朱缨花	豆科	*Calliandra haematocephala* Hassk.	灌木
龙牙花	蝶形花科	*Erythrina corallodendron* L.	灌木
红花檵木	金缕梅科	*Loropetalum chinense* var. *rubrum*	灌木
九里香	芸香科	*Murraya exotica* L.	灌木
米仔兰	芸香科	*Murraya exotica* L.	灌木
鸭脚木	五加科	*Schefflera octophylla* (Lour.) Harms	灌木
杜鹃花	杜鹃花科	*Rhododendron simsii* Planch.	灌木
桂花	木犀科	*Osmanthus* sp.	灌木
灰莉	马钱科	*Fagraea ceilanica* Thunb.	灌木
狗牙花	夹竹桃科	*Ervatamia divaricata* (L.) Burk. cv. Gouyahua	灌木
栀子	茜草科	*Gardenia jasminoides* Ellis	灌木
福建茶	紫草科	*Carmona microphylla* (Lam.) G. Don	灌木
剑麻	龙舌兰科	*Agave sisalana* Perr. ex Engelm.	灌木
龙血树	龙舌兰科	*Dracaena draco* (L.) L.	灌木
露兜树	露兜树科	*Pandanus tectorius* Sol.	灌木
棕竹	棕榈科	*Rhapis excelsa* (Thunb.) Henry ex Rehd	灌木
金银花	忍冬科	*Lonicera japonica* Thunb.	灌木
炮仗花	紫葳科	*Pyrostegia venusta* (Ker–Gawl.) Miers	灌木
爬山虎	葡萄科	*Parthenocissus tricuspidata*	藤本
凌霄	紫葳科	*Campsis grandiflora* (Thunb.) Schum.	藤本
鸳鸯茉莉	茄科	*Brunfelsia latifolia* (Pohl) Benth.	地被
金脉爵床	爵床科	*Sanchezia nobilis* Hook. f.	地被
马缨丹	马鞭草科	*Lantana camara* L.	地被
龟背竹	天南星科	*Monstera deliciosa* Liebm.	地被
春羽	天南星科	*Philodendron bipinnatifidum* Schott ex Endl.	地被
大叶仙茅	石蒜科	*Curculigo capitulata* (Lour.) O. Ktze.	地被
文殊兰	石蒜科	*Crinum asiaticum* L. var. *sinicum* (Roxb. ex Herb.) Ba	地被
蜘蛛兰	兰科	*Arachnis clarkei* (Rolfe) J. J. Sm.	地被
花叶艳山姜	姜科	*Alpinia zerumbet* 'Variegata'	地被
肾蕨	肾蕨科	*Nephrolepis auriculata* (L.)Trimen	地被
绿景天	景天科	*Rhodiola purpureoviridis*	地被
台湾草	禾本科	*Zoysia tenuifolia* Willd. ex Trin.	地被

（表格来源：广州市园林科学研究所. 屋顶绿化技术规范 DB4401/T 23–2019［S］. 广州：广州市质量技术监督局，2020）

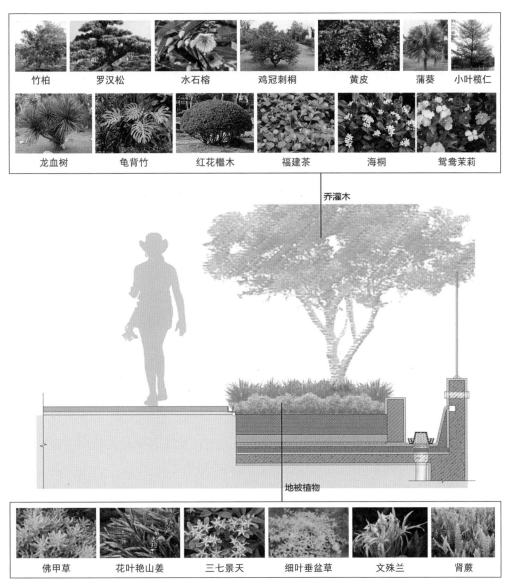

竹柏　罗汉松　水石榕　鸡冠刺桐　黄皮　蒲葵　小叶榄仁

龙血树　龟背竹　红花檵木　福建茶　海桐　鸳鸯茉莉

乔灌木

地被植物

佛甲草　花叶艳山姜　三七景天　细叶垂盆草　文殊兰　肾蕨

图 5-30　绿色屋顶植被种植示意图

5.6　运营与维护

绿色屋顶的运营与维护有以下要点。

（1）种植屋面工程应建立绿化养护管理制度。

（2）根据季节和植物生长周期测定土壤肥力，可适当补充环保、长效的有机肥或复合肥，采取控制水肥或生长抑制技术，防止植物生长过旺而加大建筑荷载和维护成本；植物生长较差时，可在植物生长期内按照 $30\sim50\mathrm{g/m^2}$ 的比例，每年施 $1\sim2$ 次长效氮磷钾复合肥。

（3）应定期检查并及时补充种植土。

（4）绿色屋顶应根据设计要求、不同植物的生长习性，适时或定期对植物进行修剪；应及时清理死株，更换或补充老化及生长不良的植株；在植物生长季节应及时除草，并及时清运，维护周期根据巡视结果确定，一般 1 年 2～3 次。

（5）绿色屋顶的植物病虫害防治应采用物理或生物防治措施，也可采用环保型农药防治，例如徒手捕捉或用光、刺激性气味、热方法、仿声学原理和超声波进行病虫防治，人工释放各种害虫的天敌或微生物达到灭虫目的等。

（6）绿色屋顶应根据植物种类、季节和天气情况实施灌溉，适时、适量、科学灌溉，同时注重生态、节水、节能。可采用表面灌溉（简单的人工浇水）、地中灌溉（如浇灌、滴灌）、底面灌溉（如渗灌）等方式。

（7）绿色屋顶应定期检查排水沟、水落口和检查井等排水设施，及时疏通排水管道。

（8）绿色屋顶的园林小品应保持外观整洁，构件和各项设施完好无损，园路、铺装、路缘石和护栏等应保持安全稳固、平整完好。

（9）当绿色屋顶出现漏水时，应及时修复或更换防渗层。

（10）绿色屋顶的检修、植物养护频次每年 2～3 次，初春应浇灌（浇透）植物 1 次，雨季期间应除杂草 1 次。合理的修剪有利于植物形态美的把握，根据根冠平衡的原理，通过修剪植物植叶可以抑制其根系生长过快，减少植物蒸腾作用，减少倒伏概率，减少根系对防水层的破坏，避免不必要的养料浪费。

（11）绿色屋顶的溢流设施维护包括清理溢流设施或通道淤积物，维护周期根据巡视结果确定，一般每年 2 次。

（12）绿色屋顶的入渗设施维护包括更换土工布、排水层及其他设施，维护周期根据巡视结果确定，排水不畅、出水浑浊、入渗不畅或顶板漏水时需要维护，但通常在使用 10 年后。

6　透水路面

图 6-1　仿石材透水砖广场（闫邱杰 摄）

6.1　设施概述

6.1.1　定义

透水路面是一种具有高孔隙度的透水结构路面，它能使雨水在落下时渗入地面，有效地减少地表径流。在雨水下渗过程中同时起到过滤、净化和部分蓄水作用，以补充地下水资源，是海绵系统中常用的海绵设施，广泛应用在城市各级道路、广场、停车场和人行道等的硬质铺装中。一些新型的透水材料不仅满足景观美观要求，在荷载抗折、透水保水、耐用等方面都具有较大的提升。

6.1.2　功能

透水路面类似于一种过滤装置，它能通过不同大小的骨料和透水土工布来过滤水，大多数过滤是通过物理过程进行的。当降水落在路面上时，会依次通过面层、找平层、基层、碎石排水层等结构下渗，然后缓慢地释放到周围的土壤中。因此透水路面在海绵系统指标中具有削减场地径流系数、净化雨水污染物等一系列的作用，间接实现年径流总量控制目标和径流污染控制目标。

透水路面的主要功能包括：有效渗透雨水，减少雨水径流流量和体积；缓解热岛效应；净化污染物以及防止污染径流。

其优点在于：有效渗透雨水；景观效果良好；舒适性较好。缺点在于：养护成

图6-2 仿石材透水砖广场（阎邱杰 摄）

图6-3 结构透水铺装（周广森 摄）

图6-4 透水沥青路
（图片来源：http://www.zgdiping.com/casedetail/ 22.html）

图6-5 透视混凝土跑道
（图片来源：GVL 怡境国际设计集团）

本较大，需定期清理和养护路面，防止堵塞，且一般而言，强度及耐用性比传统路面低。但某些特殊的透水路面，比如高强度透水路面，可以拥有较高的强度。

6.1.3 分类

按照面层材料进行分类，透水路面在目前的应用中主要可分为透水砖路面、透水混凝土路面、透水沥青路面和结构型透水路面四种。其中结构型透水路面包括不透水面层留缝铺装路面、植草砖路面、碎石路面、粗砂路面等较大的透水结构型路面（图6-2～图6-5）。

6.2 选址与布局

透水路面的选址与布局应综合考察地质、气候、人文、交通、工程等方面条件，做出合理决策（图6-6）。主要原则如下。

（1）地质条件对不同类型的透水路面限制性不同，一般而言，适宜建设透水路面的地基多为砂性土地基，而粉土、饱和度较高的黏性土则不适宜建设。对湿陷性黄土区域需要对其进行加固处理甚至是换土。

（2）气候条件中降雨量较大的地区，宜选孔隙率较大的面层材料、全透水型透水路面；反之，降雨小的地区，宜选孔隙率较小的面层材料、排水型透水路面。

（3）在交通道路上选择透水路面面层材料时，应考虑交通特征。透水材料孔隙率高、强度相对较低，故一般不适

图 6-6　透水砖人行道和透水混凝土跑道结合
（闫邱杰　摄）

用于交通量大、重载交通多的重工业区；而在车辆较少、特别是重载交通少的文教区、住宅区、观光区，则最适宜建设透水路面。但也有部分透水沥青材料可以满足荷载要求，例如高强度透水路面，它是应用于特殊道路的专用透水路面，具有超高强度的承载能力，可以满足轻型机场和高速公路收费站等重载道路的荷载要求。

（4）在工程选址阶段，透水路面选型要考虑到工程目的。若建设目的是为了避免路面积水，可选排水型或半透水型透水路面；若建设目的是为了避免路面积水和能直接补给地下水，则应选择全透水型透水路面（图 6-7、图 6-8）。

图 6-7　江门一汇天地商业街仿石材透水砖路面
（图片来源：GVL 怡境国际设计集团）

图 6-8　江门一汇天地商业街仿石材透水砖路面剖面图
（图片来源：GVL 怡境国际设计集团）

6.3 结构与做法

6.3.1 透水砖

透水砖路面由一层实心混凝土铺路材料组成，砖之间由填满小石块的接缝隔开。水进入砖之间接缝，下渗到碎石排水层，在碎石之间的空隙经过短暂储存后渗透回土壤路基。透水砖渗透率 600mm/d，面层孔隙率 15%～20%，寿命 20～30 年。

透水砖一般由透水面层（透水砖）、找平层（水泥砂浆）、基层（透水混凝土）、垫层（级配碎石）、路基组成（图 6-9）。根据情况会设置排水管等设施合理有组织地进行排水。

常见透水砖种类见图 6-10，各类透水砖优缺点如下。

（1）优点

混凝土透水砖：生产成本较低，强度略高于普通水泥砖。

砂基透水砖：透水性好。

陶瓷透水砖：透水性，保水性较好，强度较高，抗压抗折，色彩丰富，耐久性高。

树脂透水砖：强度高，外观美观。

（2）缺点

混凝土透水砖：生产工艺复杂，风干晾晒周期长，不可回收利用。

砂基透水砖：不保水，生产周期较长，不易清洗，风干晾晒周期长；若缩短风干晾晒时长，则易风化褪色，易被油污等污染，易脱落。

陶瓷透水砖：透水系数的变化与烧成温度有很大关系，需要非常专业的把控。

树脂透水砖：透水性能一般，造价高昂，不可循环使用，性价比低，适用范围小。

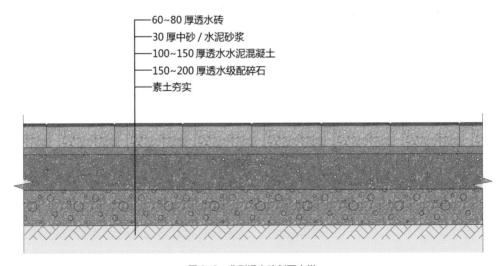

图 6-9 典型透水砖剖面大样

混凝土透水砖　　　　　　陶瓷透水砖　　　　　　砂基透水砖

树脂透水砖　　　　　　火山岩　　　　　　留缝铺砖

图 6-10　常见透水砖种类

6.3.2　透水混凝土

透水混凝土又称多孔混凝土或透水地坪，是由骨料、水泥和水拌制而成的一种多孔轻质混凝土，具有透气、透水和重量轻的特点。在对透水混凝土地面进行施工前应做好人员组织、物质、技术等准备，再通过立模、搅拌、运输、浇筑、养护、涂覆透明封闭剂的步骤进行现场施工。其中，在养护期间应在表面覆盖塑料薄膜或洒水，经过 7d 左右的时间使其逐渐固化。

6.3.3　透水沥青

相比于普通沥青，透水沥青采用大空隙沥青混合料作表层，能有效降低高速行驶的车辆与路面摩擦引起的噪声，且其自身有完备的排水系统，能使雨水下渗并排出，从而消除雨后路表水膜（图 6-11）。

6.3.4　结构型透水路面——植草砖

植草砖以混凝土为原料，通过在排水材料和土壤上安装网格制成。之后在网格中植入草或草皮塞，也可以在网格中填充聚合体（图 6-12）。

其优点在于耐压，耐磨，抗冲击，抗老化，耐腐蚀，与绿化功能合二为一，提升

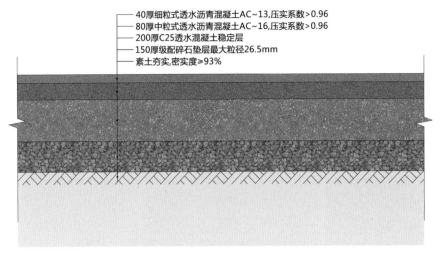

图 6-11　典型透水沥青剖面大样

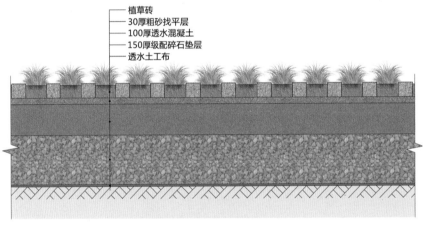

图 6-12　典型植草砖剖面大样

城市绿化率。缺点在于，需要定期维护，草要时常修剪，能否使用需要看场地条件。

6.3.5　透水路面结构类型（图 6-13）

（1）排水型透水路面中面层使用透水材料，基层采用沥青类不透水材料或加设沥青封层。雨水透过面层后，沿不透水基层顶面直接排出路基之外，路基不受路面渗水的影响。

（2）半透水型透水路面不仅面层为透水材料，基层亦为透水性良好的碎（砾）石等，垫层则为沥青砂等不透水材料，土基上方常加设不透水型防渗土工布。雨水依次透过面层、基层后，沿不透水垫层的顶面排出路基之外，路基亦不受路面渗水的影响。

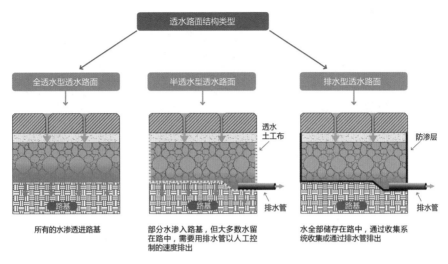

图 6-13　透水路面结构类型

（3）全透水型透水路面不仅面层、基层用透水材料，垫层亦为透水的砂垫层等，土基上方常设透水型土工网格布以提高承载力。雨水沿面层、基层、垫层一路下渗，最后渗入路基中。

6.4　景观因素考量

透水铺装种类样式繁多，可以较好地融合在景观铺装当中，应针对不同功能选择适合的透水铺装材料及类型（图 6-14、图 6-15）。如透水砖具有多种形状、颜色、纹理和图案，适用于微型、小型和大型人行道和广场铺装，一般情况下使用普通透水砖，在一些景观品质要求较高的场所使用仿石材混凝土透水砖增加质感和色彩，因其与石材有一样的质感，是一种经济、高品质的铺地产品（图 6-16）。

图 6-14　透水沥青在停车场的应用
（图片来源：http://www.zgdiping.com/）

图 6-15　植草砖停车场
（图片来源：http://www.capablist.com/UC/407088）

图 6-16　仿石材透水砖在不同场景下的应用（闫邱杰 摄）

图 6-17　西咸沣河生态公园彩色透水混凝土
（图片来源：GVL 怡境国际设计集团）

常规的透水混凝土可选择的颜色相对较少，纹理也相对比较单一。而彩色透水混凝土通过添加色粉，而具有各种颜色，可以形成丰富的图案，多应用于人行道、跑道和小型车行道等（图 6-17）。

6.5　运营与维护

在设计透水路面之初应该注意竖向设计，尽量保证土壤以及其他覆盖物不会被冲刷在透水铺装路面上，以免造成透水路面堵塞。透水路面维修活动因路面类型而不同，一般情况下，对于透水混凝土和透水沥青，应检查透水路面的裂缝和孔洞，并应每三至六个月清除累积的碎屑和沉积物，通常用高压水枪冲洗以达到清洁效果；对于透水砖，应挖除不良砖块，加铺新砖块；而对于植草格/植草砖需要进行除草或割草。据统计，如果适当地维护，透水路面的有效寿命至少为20年（表6-1、表6-2）。

国内对于透水路面的常规养护一般是重新上保护剂，一般一到两年一次，费用约为35~60元/m²。市政部门负责定期清洁冲刷，一般一个季度或半年清理一次，若当地灰尘较大，则需要一个月冲刷一次。

透水水泥混凝土/透水沥青铺装维护要求 表6-1

维护项目	维护重点	维护周期	维护方法
路面卫生	清扫垃圾	• 按照环卫要求日常定期清扫 • 巡视中发现路面卫生不满足运行标准时	
透水路面破损	修补破损的路面	根据透水路面破损巡视状况确定	
透水路面平整	局部修整找平	根据透水路面平整巡视状况确定	
透水路面透水	去除透水铺装空隙中的土粒或细沙	• 不少于6个月1次 • 根据透水路面透水巡视状况确定 • 出现运输渣土或油料车辆发生倾覆或泄漏事故后24h内	可采用高压水流（5~20MPa）冲洗法、压缩空气冲洗法，也可采用真空吸附法
	更换找平层、基层、垫层、防水封层等	• 道路大修时 • 根据透水路面透水巡视状况确定	

（表格来源：深圳市海绵型道路建设技术指引（试行）[S]. 深圳：深圳市交通运输委员会，2018）

透水砖铺装维护要求 表6-2

维护项目	维护重点	维护周期	维护方法
路面卫生	清扫垃圾	• 按照环卫要求定期清扫 • 巡视中发现路面卫生不满足运行标准时	
透水砖破损	更换破损透水砖	根据透水砖破损巡视状况确定	
透水砖平整	局部修整找平	根据透水砖平整巡视状况确定	
透水砖透水	去除透水砖空隙中的土粒或细沙	• 不少6个月1次 • 根据透水砖透水巡视状况确定	可采用高压水流（5~20MPa）冲洗法、压缩空气冲洗法，也可采用真空吸附法
	疏通穿孔管	根据透水砖透水巡视状况确定	通过从清淤口注水疏通
	更换全部透水砖	• 道路大修时 • 根据透水砖透水巡视状况确定	
	更换找平层、垫层、穿孔管	更换全部透水砖时	

（表格来源：深圳市海绵型道路建设技术指引（试行）[S]. 深圳：深圳市交通运输委员会，2018）

7 生态树池

7.1 设施概述

7.1.1 定义

生态树池由混凝土结构箱体包裹，内部含多层过滤介质、地下排水系统和乔木根系。因其结构较大、造价较高，多分布在绿地较少的城市广场和街道。可有效控制雨水径流，多重过滤和净化雨水污染物。

7.1.2 功能

生态树池的表层蓄水和底部大结构的渗透容量，能够在大面积硬质铺装环境中有效控制雨水径流，通过底部多层结构和根系进行雨水净化（图 7-2、图 7-3）。其主要功能如下。

图 7-1　生态树池结合景观桌椅
（图片来源：https://www.pinterest.it/pin/565694403167346877/）

（1）控制城市地表径流量。生态树池设施能够在短时间截流大量雨水，控制雨水径流的速度和总径流量。

（2）过滤地表径流中的污染物。雨水污染物被截留在树池工程介质中，雨水经过滤净化后供植物根部吸收。

（3）生态景观美学功能。植物造景与过滤净化系统相结合，大大提升了城市美化效率。

其优点在于：处理短时间暴雨径流效果显著，可以在一定程度上缓解道路积水问题；可以净化过滤常见的地表径流污染物，减少街道径流污染；可以美化城市景观，丰富城市物种多样性。

其缺点在于：对长时间大暴雨降雨径流的处理效果一般；能处理的污染物有限，应选择低污染地区设置；乔木根部生长空间受限制；底部结构复杂，建设和维护成本高。

7.1.3 分类

生态树池根据周边雨水径流污染严重程度可分为三种类型，分别为释放型、渗透

图 7-2　生态树池在绿地限制情况下的雨水管控
（周广森 摄）

图 7-3　生态树池结合特色箅子
（图片来源：https://www.ironagegrates.com/product/tree-
grates-locust/）

型和渗透释放型（图 7-4～图 7-6）。释放型生态树池适用于污染物浓度较低的道路及广场，雨水直接流入具有调蓄容积的树池内部，进过介质土壤、碎石排水层过滤净化，干净的雨水传输到雨水管道。渗透型树池具有初雨沉淀过滤结构，雨水优先经过沉淀池过滤固体垃圾，然后经过介质土壤、碎石排水层，下渗回补地下水。同理渗透释放型在污染物更为严重的区域，一部分雨水下渗，一部分通过碎石排水层管网收集至雨水管道。

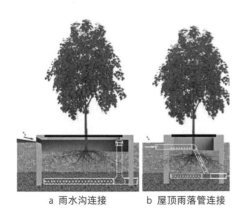

a 雨水沟连接　　　b 屋顶雨落管连接
图 7-4　释放型生态树池
（图片来源：http://www.storm-tree.com/）

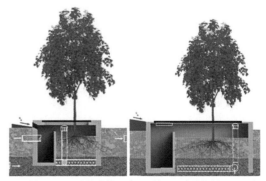

a 侧入口和雨水管连接　　b 预处理沉淀池的侧入口设计
图 7-5　渗透型生态树池
（图片来源：http://www.storm-tree.com/）

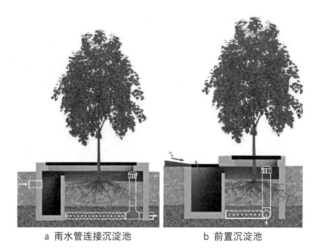

a 雨水管连接沉淀池　　　b 前置沉淀池

图 7-6　渗透释放型生态树池

（图片来源：http://www.storm-tree.com/）

7.2　选址与布局

生态树池的平面布局应考虑周边硬质广场汇水区域面积，树池的大小和数量由此确定，其典型的平面布置形式见图 7-7，一般适用于城市高强度开发区，在绿地有限的市政广场或者商业街上布置。由于其调蓄雨水的能力一般且造价较高，因此要结合透水铺装和地下蓄水箱等其他海绵设施组合使用方能满足海绵城市指标要求。生态树池的表面可以选择地被覆盖或者碎砾石覆盖，也可以选择有设计感的雨水箅子，例如

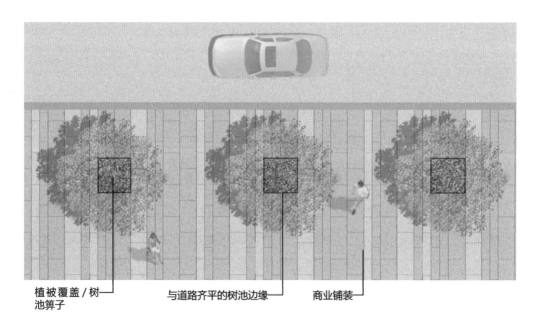

植被覆盖／树　　　　与道路齐平的树池边缘　　　商业铺装
池箅子

图 7-7　生态树池典平面布局

图 7-8　广州保利金融城商业街生态树池
（图片来源：GVL 怡境国际设计集团）

图 7-9　广州保利金融城商业街生态树池剖面图
（图片来源：GVL 怡境国际设计集团）

广州保利金融城商业街生态树池采用了格栅箅子的设计元素，生态树池能够在绿地率较低街道内发挥海绵城市功能，处理场地雨水径流和污染物（图 7-8、图 7-9）。

具体的选址与布局的原则如下。

（1）生态树池适用于密集的城市地区。

（2）由于建设成本和维护费用较高，通常仅在绿地有限或没有绿地的区域内安设，如可通过与透水铺装广场相连接，收集多余的雨水径流。

（3）生态树池与建筑基础距离应大于 3m，其底部距离常年地下水应大于 0.6m。

7.3　结构与做法

生态树池由一个预制的混凝土箱、介质土壤、雨水溢流设施、地下排水系统和植物组合而成，下雨时，由于树坑会比周围道路低，雨水径流进入树池下凹的调蓄空间，通过树池结构层和植物根系净化后，由穿孔盲管收集干净的雨水流到与其相连的雨水管网。一旦雨水径流超过生态树池的调蓄容量则会从溢流管流入市政雨水管网（图 7-10）。

生态树池的制作要点如下。

（1）生态树池大小和深度应根据项目的蓄渗容积计算后由设计人员确定，根据收

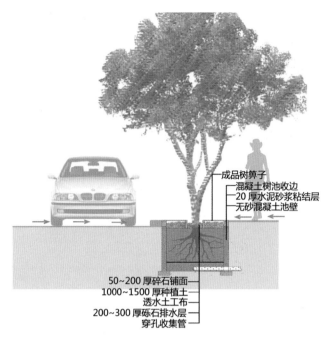

成品树算子
混凝土树池收边
20 厚水泥砂浆粘结层
无砂混凝土池壁

50~200 厚碎石铺面
1000~1500 厚种植土
透水土工布
200~300 厚砾石排水层
穿孔收集管

图 7-10　典型生态树池结构大样

集周边雨水净流量来确定每层填料配比以及材料规格。

（2）生态树池外侧、底部以及填料中间层应设置透水土工布，防止周围原土入侵，土工布规格 200～300g/m²，土工布搭接宽度不少于 200mm。

（3）当生态树池位于地下建筑之上，黏土地区或失陷性黄土区域，其底部出水进行集蓄回用时，可在底部及周边设置防渗层和穿孔收集管。

（4）进水管、排水管、穿孔收集管可采用 UPVC、PPR 等材料，双螺纹渗管或双壁螺纹管等材料，穿孔收集管管径大于 DN150，开孔率应控制在 1%～3% 之间，无砂混凝土的孔隙率应大于 20%。

（5）防渗层可选用 SBS 卷材土工布、PE 防水毯、GCL 防水毯，也可选用 HYP-GCL45 减渗毯或大于 300mm 厚黏土。

（6）树池保护栅格厚度应大于 40cm，承重应大于 2.5KN，落水面积应大于 80%。

7.4　景观因素考量

生态树池景观体现在植物选择和树池面层展示面上，除了选择适合场景的乔木品种外，在树池形状上可选择圆形、方形、多边形或多个组合形状来呼应景观元素。设计面层算子花纹、形式或选择卵石、松树皮、碎石、火山岩等多种覆盖材料结合景观设计（图 7-11～图 7-14）。

图 7-11　树皮覆盖层和树箅子结合效果
（图片来源：https://www.architonic.com/en/product/area-yale-tree-guard/136921）

图 7-12　一体化生态树池结构稳固性较强
（图片来源：https://www.ecolandscaping.org/02/managing-water-in-the-landscape/stormwater-management/filtering-stormwater-with-trees-a-case-study/）

图 7-13　不同生态树池形状及箅子的形状结合周边景观
（图片来源：http://www.archello.com/en/product/tree-grating；https://www.instagram.com/p/B0N_vblHP0J/；https://free3d.com/3d-model/tree-grate-571.html；https://www.ironagegrates.com/product/custom-tree-grae/）

图 7-14　多个乔木的组合生态树池效果（闫邱杰　摄）

7.5　植物筛选与配置

生态树池是一种小型雨水收集过滤设施，同时也是装点区域环境的景观要素，在选择植物时既要具有净化水体的能力，又要具有观赏价值。

植物的选择应符合以下原则。

（1）下雨时，道路的雨水径流都往生态树池集中，导致树池在一定时间内积水，因此，在植物的选择方面应重点考虑那些能够承受耐周期性水涝的种类。

（2）应优先考虑须根系、慢生植物避免根系对树池及过滤设施造成影响。

（3）生态树池应根据行道树的建设标准进行种植，不能影响车辆和行人的交通安全。

（4）选择树形优美、观赏价值高、有地域特色的乡土植物。

植物配置原则如下：植物配置形式为孤植，即一个生态树池只种植一株植物。在进行植物的选择上，除了满足以上的功能及原则外，生态树池的植物应当考虑选用株型优美、色彩丰富等美学价值比较高的种类，主要选择小乔木和灌木。

适用于生态树池的植物乔木可选择：红花羊蹄甲、美丽异木棉、小叶榕、黄槐决明、昆士兰伞木、白兰、鸡冠刺桐、火焰树、大花紫薇。灌木可选择：红花檵木、黄金榕、海桐、金边假连翘、三角梅、琴叶珊瑚、变叶木（图 7-15、表 7-1）。

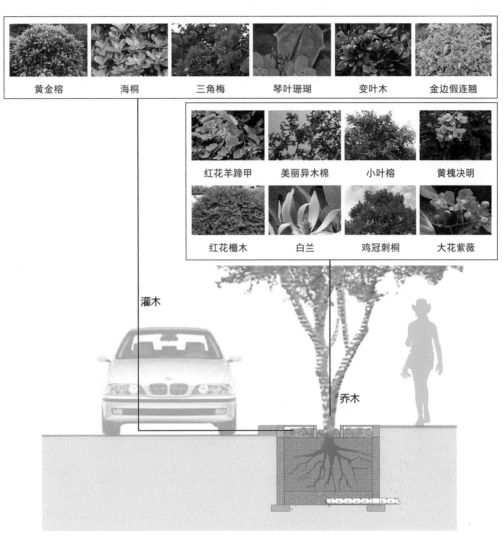

图 7-15 生态树池植物品种选择

生态树池植物选择表   表 7-1

名称	科属	优点	缺点
红花羊蹄甲	豆科羊蹄甲属	性喜温暖湿润、多雨的气候，阳光充足的环境，适应性强，有一定耐寒能力	—
美丽异木棉	木棉科吉贝属	美丽异木棉性喜光而稍耐阴，喜高温多湿气候，略耐旱瘠	忌积水，对土质要求不苛，但以土层疏松、排水良好的沙壤土或冲积土为佳
小叶榕	桑科榕属	喜欢温暖、高湿、长日照、土壤肥沃的生长环境，耐瘠、耐风、抗污染、耐剪、易移植、寿命长	不耐寒、不耐阴
黄槐决明	豆科决明属	喜欢光照，可以耐半阴，喜欢高温和湿润的气候	不耐寒，喜欢排水性好的土壤

名称	科属	优点	缺点
昆士兰伞木	五加科鹅掌柴属	喜温暖湿润气候	不耐强烈阳光曝晒，不耐水湿和积水
白兰	木兰科含笑属	性喜光照，怕高温，不耐寒，适合微酸性土壤，喜温暖湿润	不耐干旱和水涝，对二氧化硫、氯气等有毒气体比较敏感，抗性差
鸡冠刺桐	豆科刺桐属	喜光树种，耐轻度庇荫，喜高温高湿气候，适应性强，生长强健	耐寒耐热性均差，不耐阴、不耐瘠
火焰树	紫葳科火焰树属	生性强健，性喜高温，水分要求充足，对土质要求不严	不耐寒、不耐积水，应使用排水良好的壤土或砂质壤土
大花紫薇	千屈菜科紫薇属	喜温暖湿润，喜阳光，喜生于石灰质土壤	不耐阴
红花檵木	金缕梅亚科檵木属	喜光，耐旱，喜温暖，耐寒冷，耐修剪，耐瘠薄，但适宜在肥沃、湿润的微酸性土壤中生长	稍耐阴，但阴时叶色容易变绿
黄金榕	桑科榕属	耐热，耐湿，耐贫瘠，耐风，耐潮，对空气污染抗害力强；不择土壤，只要土质肥沃、日照充足之地均可栽植	不耐阴
海桐	海桐科海桐花属	能耐寒冷、耐暑热，对土壤的适应性强，在黏土、砂土及轻盐碱土中均能正常生长。对二氧化硫、氟化氢、氯气等有毒气体抗性强	—
金边假连翘	马鞭草科假连翘属	性喜温暖和阳光充足的环境，稍耐阴	耐寒性稍差
三角梅	紫茉莉科叶子花属	性喜温暖、湿润的气候和阳光充足的环境，耐瘠薄、耐干旱、耐盐碱、耐修剪，生长势强	不耐寒，喜水但忌积水；要求充足的光照
琴叶珊瑚	大戟科麻疯树属	喜高温湿润、光照充足的环境，稍耐半阴，土质以富含有机质的酸性砂质壤土为佳	不耐寒与干燥
变叶木	大戟科变叶木属	喜高温、湿润和阳光充足的环境	不耐寒

7.6 运营与维护

生态树池建设成本为1500～4500元，树池的平均寿命为25年，每年需要进行大量维护，可从以下几个方面进行。

（1）树池种植树木每年应至少检查一次，以确保树木生长良好，包括修剪、保暖等。当树木出现死亡或病害等不适情况时，应更换树木和树池填料。

（2）降雨结束后，储水区水位下降，积水由渗透性墙体进入植物生长区。若种植土壤湿润时间超过72h，应更换10～15cm的种植土壤，并尽量避免损害根系。

（3）当树池内无积水时，利用市政洒水车，将储水区作为进水口，卵石区作为出水口，清除卵石区中的大颗粒污染物，清洗后的废水可收集后再利用。考虑到卵石对冲洗的阻碍作用，卵石区底部会残留一些污染物，需要定期更换卵石。

（4）树池树木栽种后应清除池中杂草，除草频率随植物生长时间可逐渐降低，并对植物进行检查和修剪以保持植株的形状和健康。

（5）若某树种证实在建设场地不易成活，应更换为较易生长的树种。

（6）植物在种植2～3年里需要充足的灌溉，特别是北方春季干旱少雨，蒸发量大，如果供水不足，会严重影响苗木成活率。

生态树池设施巡查频次及维护频率周期表   表 7-2

维护事项 ＼ 周期	日常	季度	半年	一年	维护类型	备注
检查积水	√				日常巡查	—
植物疾病感染	√				日常巡查	根据植物特性
长势不良植物替换				√	简易维护	按需
修剪植株		√			局部功能性维护	根据植物特性及设计要求
进、出水口堵塞情况巡检	√				日常巡查	暴雨前、后
孔洞和冲刷侵蚀情况巡检	√				日常巡查	暴雨后
沉积物、垃圾、杂物清除	√				简易维护	清扫保洁
暗渠检查/清洗				√	整体功能性维护	清扫保洁
种植土壤湿润时间超过72h，应更换10～15cm的种植土壤					整体功能性维护	按需

8 人工湿地

图 8-1　墨尔本皇家公园的人工湿地
（图片来源：https://baijiahao.baidu.com/s?id=1622543688295552168&wfr=spider&for=pc）

8.1　设施概述

8.1.1　定义

《国际湿地公约》一般将湿地分为海洋、海岸湿地，内陆湿地和人工湿地。人工湿地又具体分为 10 类，主要有水产养殖、灌溉池、盐池、污水处理池、水库等。本书所指人工湿地是指通过模拟天然湿地结构建设开放的沼泽系统，以雨水沉淀、净化、过滤、调蓄以及生态景观功能为主，是一种高效的径流污染控制海绵设施。

8.1.2　功能

不同于普通的污水处理型功能湿地，海绵城市建设理念下的人工湿地属城市绿地系统规划范围内的公园绿地，偏重于雨洪调蓄控制和初步净化水质，更强调景观生态效果，可增加城市绿地率（表 8-1）。

除了雨水径流的净化和峰流量的控制，人工湿地的美学价值同样不可忽视，作为一种协调发展的半自然景观，越来越多的人工湿地出现在公园、学校、科技园、住宅区、生态农业园区等人们的生活环境中，不仅能增强环境整体美感，还能为野生动物提供栖息地（图 8-2）。

人工湿地的雨水管理能力及污染物去除率 表 8-1

雨水管理能力评估	
标准	具体描述
峰值流量	如果设计合理，可削减暴雨洪峰流量
供给	不提供地下水补给
去除悬浮物	当设置沉淀池、前置塘等预处理设施时，总悬浮固体去除量为80%
高污染物负荷	作为海绵设施，前提是人工湿地底部素土夯实并铺设土工布
在雨水管理重点区域及其附近排放	不能在淡水渔场附近建设，但建议在其他关键区域及其附近适用
污染物去除率	
总悬浮固体（TSS）	通过预处理设施可去除80%
总氮（TN）	20%～50%
总磷（TP）	40%～60%
金属元素（铜、铅、锌、镉）	20%～85%
病原体（大肠杆菌等）	高达75%

（表格来源：译自"Massachusetts Department of Environmental Protection, Massachusetts Stormwater Handbook［Z］. 1997"）

图 8-2　阿德莱德植物园湿地花园
（图片来源：https://tcl.net.au/projects-item/adelaide-botanic-gardens-wetland/）

（1）人工湿地的优点

① 调蓄雨水径流，削减暴雨地表径流的峰值流量，降低径流速率；② 自然过滤并净化雨水；③ 美化周边景观，为市民提供休憩娱乐场所；④ 创造栖息地，促进生物多样性；⑤ 可用于补充地下水。

（2）人工湿地的缺点

① 人工湿地净化雨水径流的效果仍有限；② 建设与维护费用较高。

8.1.3 分类

根据湿地不同部分对雨量分配的不同，可归为三类不同的人工湿地：池塘人工湿地、沼泽人工湿地和延长滞留人工湿地。

湿地组成部分一般包括预处理区域和由两个部分或多个部分组成的综合水生植物区域，综合水生植物区域根据深度不同可分为半湿润区、沼泽区和池塘区。一般由现场的条件具体决定人工湿地的选择。而这三类不同人工湿地的雨量分配有所不同，具体如表8-2所示。

不同人工湿地的雨量分配   表8-2

人工湿地组成部分	不同人工湿地类别的雨量分配百分比（%）		
	池塘人工湿地	沼泽人工湿地	延长滞留人工湿地
预处理区	10	10	10
半湿润区	—	—	50
高位沼泽区	10	25	10
低位沼泽区	20	45	20
水池塘	60	20	10

按照布水方式或雨水在系统中的流动方式，人工湿地可分为：表面流人工湿地（surface flow constructed wetland system）和潜流人工湿地（subsurface flow constructed wetland system）。

人工湿地一般设计成防渗型以便维持植物所需要的水量，人工湿地常与湿塘合建并设计一定的调蓄容积。

表面流人工湿地（图8-3）也称表流人工湿地，为水流缓缓通过种满水生植物的浅沼泽，其水力路径在基质层表面以上，水位保持在一个恒定的深度。在污处理过程中，主要是通过植物的茎叶拦截除去水中的杂质，以及利用污染物的自然沉降来达到去除污染物的目的。其去污能力高于天然湿地处理系统，但与垂直流、潜流式人工湿地相比，其去污效果相对较差。

潜流人工湿地又细分为水平潜流和垂直潜流两种。

水平潜流湿地（图8-4）的水在基质层表面下方流动，雨污水从池体进水端水平流向出水端，通过过滤介质截留悬浮固体，植物的根吸收水中的杂质，且过滤介质中庞大的细菌群落可以消耗和分解污染物，从而净化水质。这种潜流湿地通常用于净化处理含有多种污染物的水，如生活污水、工业废水、医疗废水、暴雨径流、矿山废水、垃圾场渗滤液等污水，但潜流式人工湿地容易发生堵塞现象。

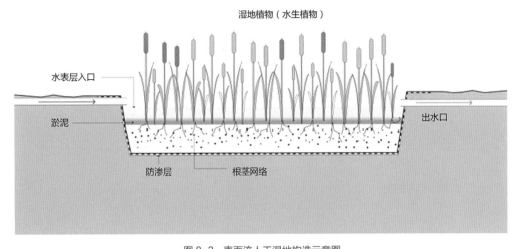

图 8-3 表面流人工湿地构造示意图
（底图来源：https://en.m.wikipedia.org/wiki/Constructed_wetland#）

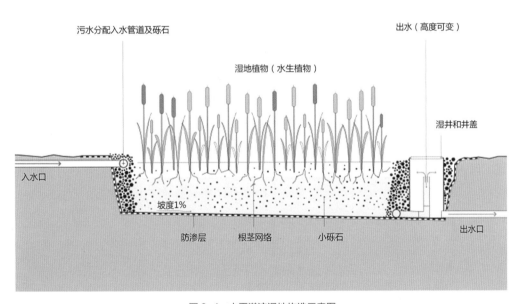

图 8-4 水平潜流湿地构造示意图
（底图来源：https://en.m.wikipedia.org/wiki/Constructed_wetland#）

　　垂直潜流人工湿地的体量一般较小，雨污水从湿地表面垂直通过池体中基质层，具有较强的去污能力，且有很高的稳定性及抗冲击负荷能力。通过协同联合作用增加水处理效果，从而活化湖泊水体和净化城市水质。具体应用场景不仅局限于公园、开阔的田野、池塘和湖泊等户外地区，还可细分为更小的区域，用于建筑物内部的小型空中花园或种植园、建筑旁的露天广场，甚至在高架结构上（图 8-5）。

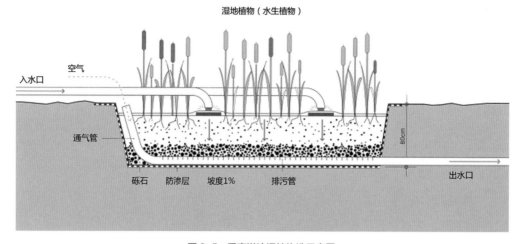

图 8-5　垂直潜流湿地构造示意图
（底图来源：https://en.m.wikipedia.org/wiki/Constructed_wetland#）

8.2　选址与布局

人工湿地类型的选择应结合多种因素进行综合考虑，从景观角度来看，表流湿地呈现的景观效果优于潜流湿地，以清远飞来峡海绵公园为例，经过预处理的雨污水排入表流湿地，通过曲折的水体流动和植被作用取得一定的净化效果，同时呈现自然生态的水体景观（图 8-6、图 8-7）。当水体水质较差时，应选择潜流湿地，此时应考虑对其进行景观化的处理，例如北京稻香湖水科技公园的潜流湿地，将其设计成为梯级湿地，空间上更加具有层次感，同时促进了水体的流动和净化（图 8-8、图 8-9）。

人工湿地具体的选址与布局原则如下。

（1）人工湿地景观的建设需要具备几个基本要素，即湿地的植被、湿地水文、湿地土壤。具体而言，人工湿地的选址限制要素包括土壤类型、地下水或岩层的深度、可改造的流域面积和现场土地面积。应充分考虑当地水质、气象、水文特征等因素，并进行工程地质、水文地质等方面的勘察，以避免人工湿地的裂损、淹没、倒灌、排水不畅等情况发生。

（2）在湿地设计时，要尽可能尊重场地原有的脉络，充分利用与保护现状河流、湖泊、湿地、坑塘、沟渠等城市自然水体。

（3）避免占用耕地，充分利用荒漠或绿地。

（4）以中等颗粒的土壤（例如沃土或淤泥土）建设人工湿地为佳，这样能够保持湿地表面的水分，适于植被生长。

（5）大型人工湿地多处于城市建成区或近郊区域范围内，分布在城市大型绿地、广场、公园场所。

图8-6 清远飞来峡海绵公园的表流湿地（浅沼泽湿地）
（图片来源：GVL 怡境国际设计集团）

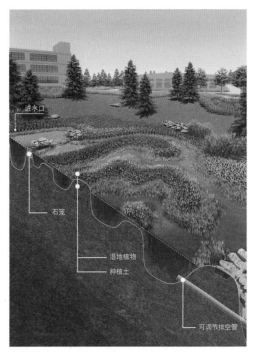

图8-7 清远飞来峡海绵公园的表流湿地（浅沼泽湿地）透视图
（图片来源：GVL 怡境国际设计集团）

图8-8 北京稻香湖科技公园的潜流湿地
（图片来源：GVL 怡境国际设计集团）

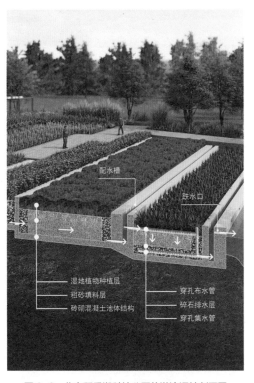

图8-9 北京稻香湖科技公园的潜流湿地剖面图
（图片来源：GVL 怡境国际设计集团）

（6）应避免选择陡坡坍塌、滑坡等灾害易发的危险场所，以及会对居住和自然环境造成危害的场所。

（7）从整个区域生态安全格局的角度出发，应将其选址与需要进行生态改造的河道、绿地、道路等要素进行有机联系，打造为景观生态功能节点。

（8）表面流湿地最适合处理地表径流，对空间规模要求也较大，有利于创造生物栖息地，营造大面积的湿地景象，也有助于防洪。表流湿地的平面布局详图见图8-10。

（9）应充分利用城市水系滨水绿化控制线范围内的城市公共绿地，在绿地内设计人工湿地等设施调蓄、净化径流雨水。

（10）人工湿地的布局、调蓄水位等应与城市上游雨水管渠系统、超标雨水径流排放系统及下游水系相衔接。

（11）布置处理设施地点应便于施工、维护和管理。

（12）人工湿地可以有不同的规模，从建筑至公园，再到较大的区域系统都可应用。人工湿地的设计根据集水区域的大小是可扩展的，这使得它的应用非常全面。在高度城市化的地区，可以采用硬质边的形式，注重比例和尺度的形式美，使其成为街

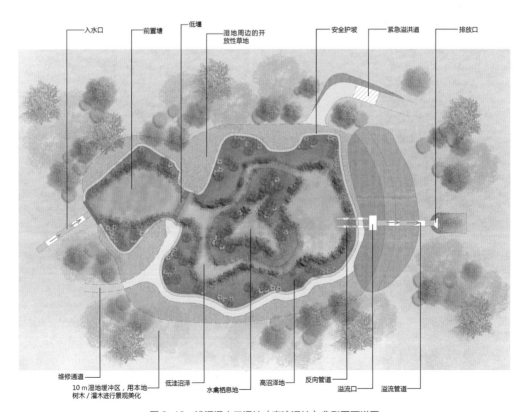

图 8-10　浅沼泽人工湿地（表流湿地）典型平面详图

景或建筑物前院的一部分。若在大区域布置，湿地可以超过 $10hm^2$ 大小，并为野生动物提供栖息地。

8.3 结构与做法

• 人工湿地的一般工艺流程包括预处理、水生植物区和集水排水等三大部分，其中雨水走向一般是通过小于0.5m深的表流湿地，再平行通过0.5～1.0m的坑塘湿地，最终纵向通过小于0.5m深的上行湿地，进行水质净化。

人工湿地公园的建设过程中，通常会将表流湿地、垂直潜流湿地及水平潜流湿地进行有机高效结合，充分利用景观微地形设计，结合周边水体水质特点，设计梯田湿地、叠水湿地等综合性人工湿地（图8-11、图8-12）。

应根据现场场地特征与应用场景需求，适当选择人工湿地类型，并注意与市政雨水管渠的连接方式。当人工湿地设计成一个即时系统（on-line）的时候，将接收所有雨水和暴雨的上游来水，通过出口或溢出流对大雨量的降水进行处理和传输。而在非即时系统（off-line）中，大部分甚至全部的雨洪径流是通过上游导流来通过人工湿地的。

图 8-11 Sidwell Friends School 的梯田人工湿地
（图片来源：https://www.archdaily.com/32490/ad-interviews-kieran-timberlake?ad_medium=gallery）

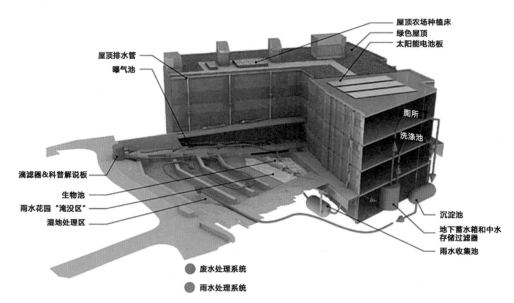

图 8-12 Sidwell Friends School 的生活污水循环——建筑内产生的生活污水流入沉淀池，在去除沉淀物后，释放到人工湿地中，水在景观中循环 3～5 天，然后在建筑物的厕所和冷却塔中重新使用

（图片来源：译自 https://www.asla.org/sustainablelandscapes/sidwell.html）

• 任何类型的人工湿地都必须采取预处理措施（图 8-13），其可减缓来流的速度并捕获较粗的沉积物和碎屑，更便于湿地系统的维护。前池可以由土、碎石或混凝土制成，并应符合下列要求：

① 人工湿地应设置前置塘对径流雨水进行预处理；

② 进水口流速不宜大于 0.5m/s，且水力停留时间不宜小于 30min；

③ 应在前置塘进水口和溢流出水口设置碎石、消能坎等消能设施，避免水流流入水池对其造成冲刷与侵蚀；

④ 前置塘应提供 10% 的最小蓄水量，以便能够在清理期间容纳预期沉淀物；

⑤ 为了便于维护和预防蚊虫，在 9h 内能完成排水，前池在降雨后 72h 内不应该有蓄水；

⑥ 表面流人工湿地的前池必须达到或超过预制冲刷孔的尺寸，如果用的是混凝土的前池，至少应该有两个排水孔以便于排出低水位的水。

• 土壤需要有足够的渗透力来保证该系统的正常并维系植物的生长，于是对土壤的改进或不透水线的划定非常必要。目前，用于人工湿地的基质主要有石块、砾石、砂粒、细砂、砂土和土壤等，还有矿渣、煤渣和活性炭等。这些基质可以为微生物的生长提供稳定的依附表面，为水生植物提供支持载体以及生长所需的营养物质。除此之外，基质还可以吸附过滤污水中的部分有机污染物。潜流人工湿地基质层组成一般为 5～10cm 种植土层、5cm 豆砾石层、40～100cm 砾石层（图 8-14）。

图 8-13　墨尔本皇家公园表流人工湿地的前置塘对径流雨水进行预处理

（图片来源：http://landezine.com/index.php/2011/04/royal-park-wetland-by-rush-wright-landscape-architecture/）

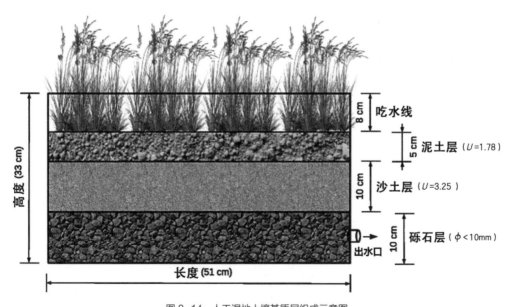

图 8-14　人工湿地土壤基质层组成示意图

（图片来源：译自 https://link.springer.com/article/10.1007/s10661-018-6705-4）

• 人工湿地的水域与水质要求有：

① 设计不同深度和形态的湿地水域；

② 大型人工湿地水域岸线应尽量曲折丰富，增大水陆交界面，并可适当营造不规则形状的植物岛，开辟一些内向型裸地滩涂和浅水水塘，创造栖息地环境；

③ 护坡驳岸应尽量控制在 10：1 或更小，尽量采用生态驳岸，除湿地水生植物、灌丛、耐水湿乔灌片林等形式外，还要营造一定的裸露滩涂和砂石驳岸；

④《城市污水再生利用景观环境用水水质》GB/T 18921-2019 显示用于营造人工湿地的湿地环境用水应满足表 8-3 中的水质指标值，因此，在水质未达标之前，应尽量采用潜流湿地或封闭式的曝气塘等工艺，深度净化雨水并尽量避免与人体接触。

湿地环境用水水质指标   表 8-3

| 项目 | 观赏性景观环境用水 | | | 娱乐性景观环境用水 | | | 湿地环境用水 | |
	河道类	湖泊类	水景类	河道类	湖泊类	水景类	营造人工湿地	恢复自然湿地
基本要求	无漂浮物，无令人不愉快的嗅和味							
pH 值（无量纲）	6.0～9.0							
五日生化需氧量（BOD$_5$）/(mg/L)	≤10	≤6	≤10	≤6	≤10	≤6
浊度 /NTU	≤10	≤5	≤10	≤5	≤10	≤5
总磷（以 P 计）/（mg/L）	≤0.5	≤0.3	≤0.5	≤0.3	≤0.5	≤0.3
总氮（以 N 计）/（mg/L）	≤15	≤10	≤15	≤10	≤15	≤10
氨氮（以 N 计）/（mg/L）	≤5	≤3	≤5	≤3	≤5	≤3
粪大肠菌群 /（个 /L）	≤1000			≤500		≤3	≤1000	
余氯 /（mg/L）	—				0.05～0.1		—	
色度 /度	≤20							

（表格来源：中国市政工程华北设计研究总院有限公司，天津创业环保集团股份有限公司，北京城市排水集团有限责任公司，等. 城市污水再生利用景观环境用水水质 GB/T 18921-2019［S］. 北京：国家市场监督管理总局，中国国家标准化管理委员会，2019）

• 水生植物区域具体设计参数：

① 人工湿地宜设计常水位、滞流水位和溢流水位；

② 水生植物区域包括浅沼泽区和深沼泽区，是人工湿地主要的净化区，其中浅沼泽区水深范围一般为 0～0.3m，深沼泽区为 0.3～0.5m；

③ 人工湿地应根据汇水区面积、蒸发量、渗透量、湿地滞流雨水量等实际状况计算其水量平衡，保证在 30d 干旱期内不会干涸。

• 表面流人工湿地设计参数（图 8-15）：

① 表面流人工湿地的总面积不宜小于汇水面积的 1%，且不宜小于 15hm²；

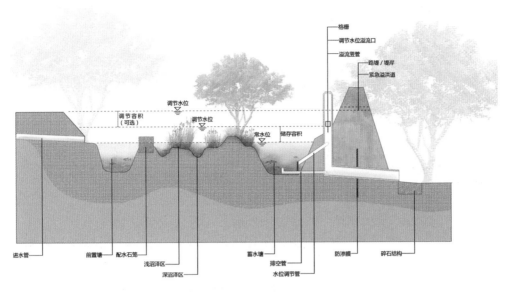

图 8-15 浅沼泽人工湿地（表流湿地）典型构造示意图

② 表面流人工湿地的常水位设置，超过 35% 的面积水深小于 15cm，超过 65% 的小于 50cm；

③ 表面流人工湿地岸边高程应高于溢流口 30cm 以上；

④ 当表面流人工湿地岸边处常水位水深超过 1.2m 时，护坡宜采用两级平台，宽度均大于 1.0m，其中下部平台位于常水位下 0.5m，上部平台位于常水位上 0.5~0.8m 处。

• 潜流人工湿地设计参数（图 8-16）：

① 潜流人工湿地地形坡度宜小于 2%；

② 当潜流人工湿地底部土壤渗透系数大于 1×10^{-7}m/s，且高于地下水位时，应设置防渗层；

③ 潜流人工湿地存水深度宜为 15~30cm，存水区边坡坡比应大于 2：1（H：V）。

• 出水结构设计参数：

① 人工湿地的调节容积应在 24h 内排空。

② 出水池主要起到防止沉淀物的再悬浮和降低温度的作用，水深一般为 0.8~1.2m。

③ 出水池容积约为总容积（不含调节容积）的 10%。

④ 人工湿地系统任何出水口孔的最小直径均为 6.4cm。

⑤ 表面流人工湿地出水池常水位 0.8~1.2m，且常水位下出水池容量不小于湿地总容量的 5%。

⑥ 潜流湿地应设置溢流设施，可采用溢流管或溢流井，溢流口高程应与最大存水高程持平。

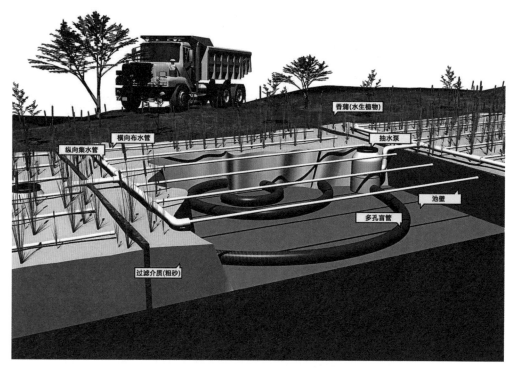

图 8-16　垂直潜流湿地管道布局模型

（图片来源：译自 https://en.m.wikipedia.org/wiki/Constructed_wetland# ）

8.4　景观因素考量

人工湿地景观在设计过程中主要遵循的原则是要达到生态和谐、环境雅致、以水为基础的设计目标。基于此，在设计过程中应集中考虑并遵循湿地系统中动植物生长的规律及要求。例如，可以在狭长的过渡区域种植树木，为鸟类动物提供舒适的栖息环境。

当河道中需要设置人工湿地时，应注意安排在河道蜿蜒凹岸处，利用低堰将其进行围合，同时应注意标高的合理设计，人工湿地的水底标高应高于河床标高，这有助于引导雨洪径流的净化流动路径（图 8-17）。

人工湿地应注意生境的营造和生物多样性的栖息地营造，例如使用低维护的多年生草花植被营造花海景观，结合抛石围堰或其他生态材料形成适合鸟类栖居的生境（图 8-18）；还应注意栖息地的保护，例如使用栅栏、植物对栖息地进行围合，以及设计步道对行人进行引导，从而保护鸟类活动不受干扰（图 8-19）。

表流湿地的浮岛设计应注意流线的美观性，可跟随岸线线性保持一致，浮岛应大小不一且错落布置，边缘应种满植被延伸至水体中，模糊水陆边缘，形成模仿自然湿地的生态景观（图 8-20）。

图 8-17　西安沣河（文教园段）湿地生态公园——人工湿地的布局设计
（图片来源：GVL 怡境国际设计集团）

图 8-18　西安沣河（文教园段）湿地生态公园的候鸟栖息地——结合抛石围堰营造适合鸟类栖居的生境
（图片来源：GVL 怡境国际设计集团）

图 8-19　西安沣河（文教园段）湿地生态公园的引导设计——通过植物空间阻隔与人行流线引导，同时不干扰鸟类的活动

（图片来源：GVL 怡境国际设计集团）

图 8-20　广东清远飞来峡海绵公园的浅沼泽湿地（表流湿地）景观

（图片来源：GVL 怡境国际设计集团）

　　在城市公园中设计人工湿地时，应注意与现代元素的融合，并且需要考虑当地的人文与历史因素，在汀步、栈桥、围栏和景墙等景观的材料选择上，可以使用花岗岩、耐候钢板、预制混凝土等现代材料，与四周的城市建筑形成呼应（图 8-21）。

　　在郊野公园中设计人工湿地时，应注意轻硬景重软景，尽量多使用本地石材和植

图 8-21 Tanner Springs Park 的人工湿地——公园将人工湿地与历史文化、现代元素融合在一起，使人们对这块经历过改变的场地倍感亲切
（图片来源：https://greenworkspc.com/ourwork/tanner-springs-park）

被营造自然野趣的景观，在一些互动景观节点的打造上，也可使用抛石汀步和植被围合打造可进入的游玩空间（图 8-22），此时还应考虑安全性设计，例如使用耐候钢板围栏等。

图 8-22 在湿地中营造自然野趣的景观
（图片来源：https://www.foreground.com.au/parks-places/expanding-horizons-sampling-2018-landscape-architecture-awards/）

图 8-23　在湿地中布置栈道的景观效果

（图片来源：https://mcgregorcoxall.com/project-detail/222）

　　不同的通行空间设计和步道材料的使用可以形成不同的景观效果，设计师应根据项目属性、风格和使用目的进行设计。例如使用木栈道时，可设计成折线形状深入湿地中形成亲水平台（图 8-23），木板人行道使人们可以近距离接触湿地环境，并与非正式的道路系统连接，从而提供有关植被类型和湿地生态的各种体验；或者使用花岗岩石材，设计成曲线的汀步形状供儿童玩耍（图 8-24）；当水深超过 500mm 时，应注意设计围栏，以保护行人的安全（图 8-25）。

　　在实施形态设计的过程中应集中精力更多地去考虑景观与自然生态系统的和谐相处，在设计中应尽量保留原始的生态环境。同时，应充分考虑使用者的审美诉求，力求达到美学与生态环境的相得益彰（图 8-26）。

图 8-24　在湿地中布置石材汀步的景观效果

（图片来源：http://www.sohu.com/a/190899901_99921012）

图 8-25　湿地中的围栏设计

（左图来源：http://www.sohu.com/a/259987697_578920；右图来源：http://www.paris.fr/pages/de-nouveaux-logements-en-lisiere-du-parc-martin-luther-king-3820 ）

图 8-26　墨尔本皇家公园湿地景观设计——湿地的平面形式是抽象的曲线图案，该图案引用了史密森（Smithson）等陆地艺术家的作品，半岛延伸到湿地中，雨水以蛇形流动状态从进水池穿过人工湿地到达出水池，周边的小径和木板路提供了一系列的教育和休闲体验

（图片来源：http://landezine.com/index.php/2011/04/royal-park-wetland-by-rush-wright-landscape-architecture/ ）

8.5 植物筛选与配置

8.5.1 植物的筛选原则

人工湿地分为蓄水区及植被缓冲区，水生植物种类应根据各个区域不同的常水位设计水深和水体污染物的净化目标来进行选择和配置。

蓄水区要选择根系发达、净化能力强、抗水淹的水生植物，再根据水深条件选择合适的沉水植物、浮水植物和部分挺水植物。

植被缓冲区为湿地水陆交错的地带，是湿地向陆地的过渡区域，处于土壤比较潮湿的环境，也可能周期性地被雨水淹没，适合种植一些根系发达、净化能力强的沼生、湿生植物，在岸际可点缀喜水湿的乔灌木。

具体的湿地植物选种原则如下：

① 优先考虑最能适应当地气候条件的乡土植物；

② 植物应根系发达，对营养物质有较快的吸收能力（图 8-27）；

③ 移植后易存活，具备耐盐、耐淹、耐污等生长特性；

④ 应选多年生植物（不需每年种植），且应容易获得，价格低廉。

在设计非即时（off-line）人工湿地时，还应考虑大暴雨的分流对于植被的潜在影响。即所选物种应能够适应广泛应用，包括深水和水下等条件。

在人工湿地的周边植种树木应该考虑避免太阳光直射池塘，这样能够降低水温，并且保证排出的水温度不会过高。

图 8-27　根系发达的本土水生植物更易存活
（图片来源：http://www.sojg.cn/mi/2603.html）

8.5.2　湿地植物设计的原则

（1）丰富植物类别

当前我国城市的人工湿地植物景观营造，应用的植物类别不多，导致湿地的功能较为单一。因此，在营造人工湿地植物景观时，应逐渐丰富植物的类别。可通过研究自然湿地，并针对人工湿地的特色，选取其中更适合人工湿地应用的植物，如石松、卷柏、毛茛等。

（2）合理搭配植物

在营造城市人工湿地植物景观时，在确保整个植物景观美观的基础上，还应注意物种的多样性，降低单一植物病虫害风险，确保组成一个健康的植物群体。合理搭配共生植物，如宽叶香蒲可促进柳属植物生长。

（3）加强把握植物景观时间

受气候、温度等多种因素的影响，人工湿地植物景观在冬季无法发挥出最大化的作用。因此，在营造人工湿地植物景观时，应加强对植物景观时间尺度的把握。可种植一些石菖蒲、灯芯草、溪荪等耐寒植物，使得植物景观在冬季受温度的影响较小。

（4）应塑造景观的空间美

根据现状地形和竖向设计等合理布置植物品种，通过高程变化、植物搭配、水体形状组合形成空间美、形式美（图 8-28）。

图 8-28　广东清远飞来峡海绵公园人工湿地的植物景观营造
（图片来源：GVL 怡境国际设计集团）

8.5.3 不同水深种植的植物推荐

人工湿地景观的植物配置根据不同区域有所区分（图 8-29），结合现状资源特点和各区功能需要，对植物布局、空间、尺度、形态及主要种类进行合理设计。以下将根据具体应用场景对植物选种进行推荐（图 8-30）。

（1）水边缓冲区

此区域为水域和陆地或沼泽地的过渡带，水深 0.3m 以下。水边植物配置讲究艺术构图，利用丛植、片植、散植的配置方式，点缀于水边护坡，错落有致的倒影丰富了水面层次，野趣十足。

植物配置推荐使用花叶水葱、花叶芦竹、水生美人蕉、欧慈姑、泽泻、再力花、欧洲芦荻、海寿、睡菜、茶菱、伞草、红莲子草、一支箭和长瓣金莲花等。

（2）浅沼泽区

此区域水深 0.3～0.9m，植物配置以叶形宽大的挺水和浮叶植物为主，以营造水生植物的群落景观，但配置时要与水面大小比例、周边景观的视野相协调，切忌拥塞。

植物配置推荐使用根系发达、能净化水质且景观效果好的挺水植物。常见使用芦苇、香蒲、荷花、菱草、千屈菜、再力花、黄花鸢尾、变叶芦竹。还可搭配观赏价值较高的浮叶植物，例如睡莲、芡实、荇菜、萍蓬草等。

（3）深沼泽区

此区域水深 0.9～2.5m，植物配置时主要考虑湿地净化污水作用和自净能力，常采用沉水植物加部分漂浮植物的配置方式，在保证生态的同时，营造静谧、深邃的自然气氛。

植物配置推荐使用藻类及眼子菜属或苦草属的沉水植物。常见使用黑藻、轮藻、狐尾藻、苦草及各种眼子菜等。

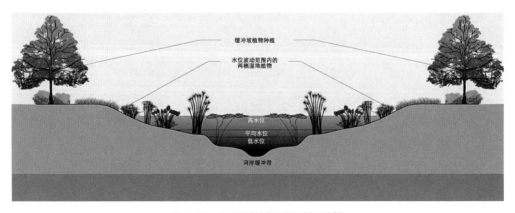

图 8-29　人工湿地植物配置区域示意图

（图片来源：译自 https://j.17qq.com/article/dphhkolov.html）

图 8-30　不同深度植物种植推荐

8.6　运营与维护

常规有效的维护计划对于确保湿地系统的净化和景观效果至关重要，具体的维护管理需求如下所述。

8.6.1　维修检查事项

每年应对人工湿地的状况和性能进行检查与评估，其中包括：

① 测量前置塘/预处理池内的沉积物堆积状况；

② 定期检查泵、阀门等相关设备，保证其能正常工作；

③ 定期巡查边坡和护坡是否出现坍塌现象；

④ 观测湿地植物的生长情况，定期修剪、收割、补种植物、清除杂草；

⑤ 检查防误接、误用、误饮警示标识和护栏等安全防护设施，同时及时查看预警系统是否损坏或缺失，并应定期进行修复和完善。

8.6.2 常见的日常维护任务

（1）泥沙清除

① 所有的部件每年应进行两次检查，查看是否存在堵塞、开裂、剥落、侵蚀和老化等问题；

② 一般在雨季之前进行前置塘清淤；

③ 进水口、溢流口因冲刷造成水土流失时，应设置碎石缓冲或采取其他防冲刷措施；

④ 进水口、溢流口堵塞或淤积导致过水不畅时，应及时清理垃圾与沉积物；

⑤ 前置塘/预处理池内沉积物淤积超过50%时，应及时进行清淤；

⑥ 如果前池布置在预处理的区域，当沉积物到达0.152m且占据前池体积的10%时或在暴雨后的9h内为湿润状态时需要对其进行清理工作；

⑦ 在处理或循环利用杂物、垃圾、泥沙等废料时，应遵守国家和地方的废料管理规范。

（2）植被区维护

① 一般3次/年（在雨季之前、期中、之后）进行植物残体清理；

② 在栽种植被或增补植被时，需要每两周检查一次；

③ 植被区域应每年至少检查一次，特别在换季时确保植物的健康、种植密度和多样性；

④ 植被的覆盖率应该保证在85%以上，如果植被死亡率超过50%需要根据原先规范进行重新植种；

⑤ 主要景观植物的类型和分布要在半年内进行评估检查，并与原有物种之间达到适当的平衡，实现原始设计的效果；

⑥ 根据实际状况对植被进行定期修剪，周边的草丛应该每个月修剪一次；

⑦ 在不违背设计目的的情况下，可以应用化肥、农药、机械手段以确保植被的景观效果。

（3）排水时间与维护

① 在湿地规划中应注明人工湿地达到饱和蓄水高度的时间；

② 如果实际的排水时间与设计的排水时间不同，外界应提供一定的水利压力和采取措施使湿地系统满足设计的排水时间；

③ 若设计具有可关闭阀门的排水系统可允许湿地单元的水位降低或者回流。

9 湿塘

图 9-1 湿塘

（图片来源：https://pilgrimagemedievalireland.com/tag/wild-atlantic-way/）

9.1 设施概述

9.1.1 概念

湿塘指具有雨水调蓄和净化功能的景观水体，是海绵城市建设中末端调蓄的一种有效方法。湿塘可以控制径流总量和峰值流量，同时对暴雨期间固体悬浮物和其他污染物的净化具有重要作用。雨水是其主要的补充水源，雨水径流进入湿塘时部分置换先前暴雨蓄留的池水。湿塘的蓄水滞留时间取决于主塘的容量，从几天到几周不等，如果大小（尺寸／尺度）合适，湿塘可结合绿地、开放空间等场地条件设计为多功能调蓄水体，即平时发挥正常的景观及休闲、娱乐功能，暴雨发生时发挥调蓄功能，实现土地资源的多功能利用。

9.1.2 功能

湿塘作为城市内涝防治系统的重要组成部分，可有效增大区域调蓄总量；有效控制暴雨峰值流量，延缓排蓄时间，防止城市内涝；具有一定的水质净化作用，可减少径流污染；具有较好的景观效果，丰富生态多样性，使人们和自然产生有机联系；提供潜在的野生动物栖息地，营造良好的生态环境。湿塘对雨洪的管理与净化的指标见表 9-1。

湿塘的性能指标 表 9-1

雨水管理能力评估	
标准	具体描述
峰值流量	设计可控制暴雨峰值流量，延缓排蓄时间
供给	不提供地下水补给
去除悬浮物	当设置沉淀池、前置塘等预处理设施时，总悬浮固体去除量为80%
高污染物负荷	如果湿塘底部素土夯实并铺设土工布，则可以作为BMP措施。用于某些潜在污染物负荷较高的土地，在雨水排入湿塘之前，需要使用砂滤池等设备进行预处理
在雨水管理重点区域及其附近排放	不能排放到淡水渔业
污染物去除率	
总悬浮固体（TSS）	通过预处理设施可去除80%
总氮（TN）	10%～50%
总磷（TP）	30%～70%
金属元素（铜、铅、锌、镉）	30%～75%
病原体（大肠杆菌等）	40%～90%

（表格来源：译自 "Massachusetts Department of Environmental Protection, Massachusetts Stormwater Handbook［Z］. 1997"）

9.2 选址与布局

湿塘是一个永久性的调蓄雨水池塘，其平面布局应包括进水口、前置塘、主塘、溢流出水口、护坡及驳岸、维护通道等设施，湿塘可通过调节水位来扩大蓄水滞留存储量，延长滞留时间，以减少年径流量峰值，若采用多塘设计，还可以提升净化性能标准（图 9-2～图 9-4）。

湿塘的选址与布局有以下要点。

（1）湿塘适用于具有一定空间条件的建筑与小区、城市绿地、滨水带等地区，应根据不同情况选取构造组成，面积一般小于 $1hm^2$。

（2）湿塘可与人工湿地结合建设，合建时应参考人工湿地和湿塘的具体设置要求。

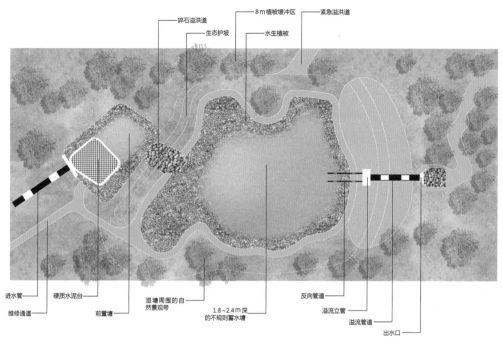

图 9-2　湿塘典型平面详图

碎石溢洪道　8 m植被缓冲区　紧急溢洪道
生态护坡　水生植被
进水管　硬质水泥台　湿塘周围的自然景观带　反向管道
维修通道　前置塘　1.8~2.4 m深的不规则蓄水塘　溢流立管
溢流管道
出水口

前置池
湿塘

图 9-3　广州增城水厂生态园区的湿塘
（图片来源：GVL 怡境国际设计集团）

雨水暗管/碎石缓冲区
溢流口
市政雨水管
种植土
500 厚塘泥
膨润土防水毯

图 9-4　广州增城水厂生态园区的湿塘剖面图
（图片来源：GVL 怡境国际设计集团）

（3）湿塘的选址应因地制宜、经济有效、方便易行，充分结合现状地形地貌进行场地设计与建筑布局，保护并合理利用场地内原有的湿地、坑塘、沟渠等。

（4）湿塘可设置在要控制雨水径流量的常年易积水区域，并与周边汇水及雨水系统做好衔接。

（5）应参考当地的区域条例和设计规范确定对红线、结构和建筑的最小退线。通常，湿塘应距离建筑基础设施 8m，距化粪池、田地等 15m。

（6）建议湿塘的排水面积在 4～10hm² 或更多来保持一个健康的主塘水体。排水面积小于 4hm² 的湿塘仍然可以使用，但这类池塘很容易被堵塞且季节性水位会出现极大的波动，容易造成滋扰。

（7）湿塘宜结合生物滞留设施、雨水罐、渗井等小型、分散的低影响开发设施布置，集中绿地设计湿塘，应衔接整体场地竖向与排水设计。

（8）结合城市河道平面沿河布置构建湿塘时，可在河道拐弯急剧的河段，将凸岸段堤岸后移。

9.3 结构与做法

• 湿塘应具有不规则的形状，延长进水口到溢流口的流动路径以增加水的滞留时间和净化性能。就湿塘几何形状而言，有两个设计注意事项。

（1）穿过湿塘的总体流动路径

① 总体流动路径可以表示为长宽比或流动路径比，长宽比取值不小于 3：1，推荐的长宽比为 4：1～5：1。

② 湿塘内护坡护堤、挡墙或植被岛皆可用于延伸流动路径或创建多个塘体（图 9-5）。

（2）最短流动路径

① 最短流动路径是指从进水口到溢流口的直线距离。

② 对于仅需要雨水调蓄的湿塘设计，最短流动路径与总长度的比值至少为 0.5。

③ 对于追求净化功能的湿塘设计，最短流动路径与总长度的比值至少为 0.8。

④ 当无法满足以上比例时，进水口所服务的排水面积应不超过总排水面积的 20%。

• 湿塘容积可分为永久容积和调蓄容积两部分，其中调蓄容积应根据调蓄量、调蓄水深、水力停留时间、景观要求、场地条件等因素确定，并应考虑长期运行后，底泥沉积造成的有效容积减小。湿塘的永久容积一般和调蓄容积相同，有利于减小进入塘内水的流速，提高水质净化能力（图 9-6）。

图 9-5 利用植被、沟渠创建多个塘体
（图片来源：http://hutarchitektury.cz/en/blog/projekty/panorama-golf-resort-club-house/）

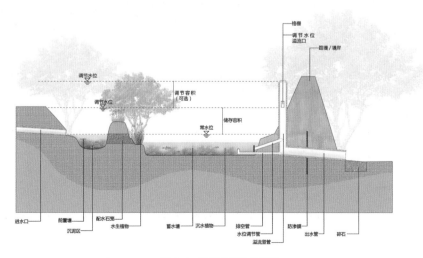

图 9-6 湿塘典型构造详图

湿塘深度宜为 1～3m，调蓄水深一般不宜大于 1.5m。

湿塘出水口应确保调蓄部分的雨水在 48h 内排出，水力停留时间一般为 7d。

以净化功能为主的湿塘，其调蓄水深宜采用低值，降低调蓄水深对植物影响，并适当延长水力停留时间，保证植物净化效果。

水体调蓄工程宜采用生态堤岸，缓和的斜坡可以促进植被的生长，并提供更轻松的维护和保证更自然的景观效果。

• 当土壤透水性较强、地下水位较低或水资源短缺时，宜采取防渗措施。防渗层可选用 SBS 卷材土工布、PE 防水毯、GCL 防水毯，也可选用大于 300 厚的不透水黏土。还应在拟建的湿塘路堤上进行岩土工程勘探，以正确设计路堤的防渗沟和填充材料。

• 雨水进入主塘前应设沉淀池或前置塘等预处理设施，去除大颗粒的污染物并减缓流速。前置塘的结构设计应包括进水口、沉泥区、边坡及驳岸。前置塘设计参数如下。

（1）进水口

① 进水口应设置在常水位以上，并设置碎石、消能坎等消能设施，防止水流冲刷和侵蚀（图 9-7）。

② 由于城市雨水径流中往往含有部分生活垃圾，入口处还需设置垃圾拦截装置（格栅），并定期清理。

（2）沉泥区

① 池底一般为混凝土或块石结构，便于清淤。

图 9-7　进水口布置位置

（图片来源：https://images.app.goo.gl/na9uiBD8eZ2tSJt26）

② 前置塘沉泥区应设置清淤通道及防护设施，定期进行清理维护。

• 湿塘主塘容积约为总调蓄容积的 20%。一般包括永久容积（常水位以下）和储存容积，具有峰值流量削减功能的还包括调节容积（湿塘出水排入河道时无需设置调节容积）。主塘设计参数如下。

① 永久容积（常水位线）水深一般为 0.8～2.5m。

② 常水位以下做防渗处理，常水位以上为自然土。

③ 常水位至调蓄水位之间的调蓄空间为储存容积，储存容积应根据其受纳的汇水面所需控制的径流总量确定。

④ 具有峰值流量削减功能的调节容积应根据所需调节的水量和相应排空时间确定，调节容积的排空时间应为 24～48h。

⑤ 湿塘补水宜采用市政再生水。

• 湿塘应设溢流设施（溢流竖管、溢洪道、雨水口、溢流井）将多余雨水径流排出，并与城市雨水管渠系统和超标雨水径流排放系统衔接（图 9-8）。溢流系统设计参数如下。

① 排水设施应根据下游雨水管渠或超标雨水径流排放系统的排水能力确定。

② 当下游接市政管网时，湿塘通过溢流竖管排水。

③ 当下游与河道相连接时，湿塘通过溢洪道排水。

④ 紧急溢洪道必须位于适当的位置，以免下游结构受到溢洪道排放的影响。

• 边坡及驳岸设计参数如下。

（1）前置塘边坡及驳岸

前置塘驳岸形式宜为生态软驳岸，边坡坡度（垂直∶水平）取值区间为 1∶2～1∶8，实际设计时应根据沉泥区容积和项目用地红线综合确定。

（2）主塘边坡及驳岸

主塘驳岸宜为生态软驳岸，边坡坡度（垂直∶水平）不宜大于 1∶6（图 9-9）。

图 9-8 溢洪道结构与湿塘的关系
（图片来源：https://shepherdexpress.com/news/features/
green-infrastructure-boosts-property-values/#/questions）

图 9-9 主塘软质驳岸种植适宜的水生植物
（图片来源：https://goharifariba.wixsite.com/mysite）

主塘与前置塘之间水深较浅的区域宜种植水生植物（美人蕉、睡莲等），提升湿塘的生态和景观功能。

· 维护通道设计参数如下。

① 布置维护通道，以便维护人员清理沉积物、进行检修，保证湿塘系统的正常运作。

② 维护通道应适当延伸至前置塘、安全工作台、竖管和溢流口结构等位置，保证有足够的面积让车辆掉头。

③ 竖管应布置于路堤内以便维护，通过可锁定的检修孔盖和检修孔台阶来接近提升管，方便阀门和其他控制装置的连接。

④ 维护通道应采用能够承受预期使用频率的材料，最小宽度为 3.6m，坡度不超过 15%（若使用了适当的稳定技术，如碎石路，则可以提高坡度）。

· 湿塘的安全性设计参数如下。

① 深度大于 1.2m 的所有湿塘区域的岸线周边必须布置植物缓冲带（图 9-10）。

② 安全缓冲带（Safety Bench）应至少为 3m 宽，在主塘的常水位沿线上，一般采用最小的坡度（2%）。

③ 安全缓冲带和水生植物沼泽带应覆盖茂密的植被，从而阻止他人进入湿塘水体。

④ 湿塘外围应设置护栏等安全防护措施并张贴禁止游泳的警示标志（图 9-11）。

图 9-10 湿塘周边设置安全植被缓冲带
（图片来源：http://www.ideabooom.com/9476）

图 9-11 广东清远飞来峡海绵公园安全警示标志的设置
（图片来源：GVL 怡境国际设计集团）

9.4 景观因素考量

当住宅社区内需要设置湿塘时，可考虑将其设计为开放式的空间，与周围的道路、桥梁和植被结合，为居民提供互动和观赏的社区景观。与人工湿地或生态浮床结合设计时，可考虑合理的异形折线设计，增加景观界面的观赏性（图 9-12）。

湿塘四周为不可渗透的硬质驳岸时，应考虑沿驳岸四周种植茂密的水生植物，在湿塘中心区种植沉睡植物和浮叶植物，柔化水陆交接的边界感，利用植物丰富空间的观赏性。需要注意的是，硬质驳岸应与道路、广场等开敞式的空间结合，为使用者提供进入的空间（图 9-13）。

在景观节点处可考虑设计眺望台或可攀登的构筑物，丰富竖向景观空间，提供更多与生态环境接触的机会（图 9-14）。

湿塘的局部区域可考虑设计退台式驳岸，为使用者提供亲水空间，此时，应考虑滨水空间的水深不可大于 0.7m，以防止儿童跌落（图 9-15）。

湿塘内的进水设施可考虑设计成水帘或跌水的形式，应注意裸露的硬质贴面与环境元素的统一；为增加水体的流动性，还可在湿塘内设计低堰，低堰可与汀步或维修通道相结合，另外也可根据湿塘水位的高度设计不同宽度的溢流通道（图 9-16）。

合理的角度和距离设计，可将湿塘周围的城市建筑投射至水体中，形成倒影景观，

图 9-12　悉尼 Ponds 社区的湿塘——开敞式的湿塘空间成为项目营销核心，兼顾了场地的雨洪管理和景观效果
（图片来源：https://landscapeaustralia.com/articles/the-ponds-2/）

图 9-13　利用植物柔化水陆交界的边界感
（图片来源：https://beyondthewindowbox.wordpress.
com/2017/05/11/city-wetland-in-flower/）

图 9-14　马丁·路德·金公园的构筑物
（图片来源：http://www.ogi2.fr/catalogue/espaces-
verts/amenagement-parc-martin-luther-king-paris.
html#!prettyPhoto[1]/1/）

图 9-15 退台式驳岸提供亲水空间

（图片来源：https://www.paris.fr/pages/de-nouveaux-logements-en-lisiere-du-parc-martin-luther-king-3820）

图 9-16 弗吉尼亚大学湿塘景观——进水口和低堰的景观化设计效果

（图片来源：https://artfulrainwaterdesign.psu.edu/project/dell-university-virginia）

图 9-17 湿塘的倒影景观与进水口的跌水景观
（图片来源：https://twitter.com/slowottawa/status/562116881025605634）

当调蓄水深较大时，可考虑利用高差在进水口或溢洪道处设计跌水景观（图 9-17）。

湿塘内设计栈桥时，平面上宜设计曲线或折线的形式，在材质和色彩的选择上应注意与道路相呼应，水、桥相接处可考虑种植水生植物，遮挡美观性较弱的局部区域（图 9-18）。

湿塘的设计应注意意境的营造，包括起伏的地形、景观小品设计、置石的摆放、背景植被的疏密等细节都应进行综合的考量，根据不同的功能需求打造或静谧，或热闹的景观氛围（图 9-19）。

图 9-18 广东清远飞来峡海绵公园的栈桥设计
（图片来源：GVL 怡境国际设计集团）

图 9-19 广东清远飞来峡海绵公园——静谧的湿塘意境打造
（图片来源：GVL 怡境国际设计集团）

湿塘设计时，还可考虑将滨水人行道延伸至湿塘中央，为散步、晨跑的人们提供休憩的亲水平台，湿塘内还可投放本地的水生动物，例如水鸭、鸳鸯和鱼类，营造丰富的生物多样性（图 9-20）。

临近滨水的区域可考虑合理摆放艺术装置，通过与使用者形成互动关系，增加场地的趣味性（图 9-21）。

图 9-20 湿塘公园的亲水平台
（图片来源：https://fleetwoodurban.com.au/projects/the-ponds-parklands/）

图 9-21　湿塘公园的艺术装置设计——滨水空间的艺术装置由反光材料、不锈钢制成，并在耐用材料上巧妙地覆盖了水体倒影的照片

（图片来源：https://fleetwoodurban.com.au/projects/the-ponds-parklands/）

9.5　植物筛选与配置

9.5.1　植物选择与配置

湿塘的植物种植设计主要着重于前置塘与主塘连接处及湿塘沿线的生态驳岸。

湿塘种植的植物为调蓄容积植物，可选择的观赏草种类较多。许多喜欢均衡湿润土壤的观赏草都可以忍受或旺盛地生长在数厘米的静水中。绝大多数的水生观赏草在淹没根茎 5～10cm 的水中生长良好，而香蒲类等一些高型的观赏草可以在更深的水中生长。

湿塘一般位于平坦开阔地区，水面平直，通过配置各种直立状的丛生挺水观赏草，可以丰富水体立面景观，增添野趣。需要注意的是水面植物与水面面积的比例是水面植物景观设计的关键，通常至少应留出 2/3 的水面面积以欣赏植物的倒影（图 9-22）。

湿塘种植植物应多选用本地乡土植物种类。

植物选择应避免需要遮阴的植物物种，或易于遭受风害的物种。强烈建议在树木和灌木丛的周围进行额外的覆盖，以保持水分和抑制杂草。

应尽可能在安全植被缓冲带沿线上种植繁密的植被，以帮助建立安全屏障。

应针对不同水深区域布置不同观赏植物种类（图 9-23）：低沼泽带水深在

图 9-22 湿塘周边植被景观营造（闫邱杰 摄）

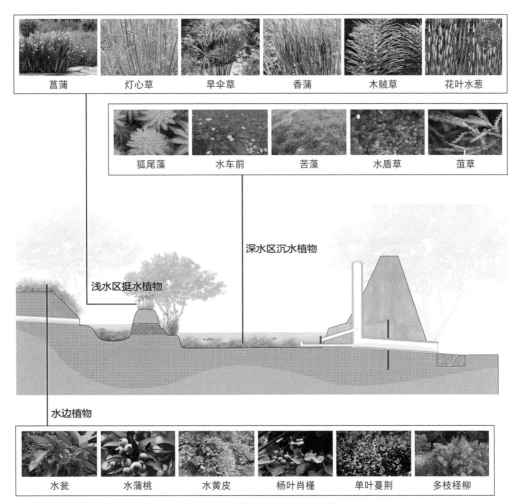

图 9-23 不同区域湿塘植物配置图

0～60cm，种植浅挺水植物；高沼泽带水深在60～150cm，种植深挺水植物。

在种植芦苇这类依靠根状茎繁殖的观赏草种类时，要设计挡板或栽植池限定其种植范围，以免植物迅速繁殖拥塞水面，影响景观。

9.5.2 植物配置注意事项

（1）主塘周边沿岸线布置浅水沼泽带，可促进湿地水生植物的生长，并减少岸线侵蚀。

（2）挺水沼泽带宽度不应小于3m，水深宜为300～500mm，植物带至塘内的边坡比率不宜小于1：3。

（3）水生植物缓冲带（An Aquatic Bench）可从主塘岸线向内延伸3m，深度比普通塘体水面高度低0～5.5m（最大）。

（4）不得在路堤坡脚4.5m内或距主要溢洪道结构7.5m内种植木本植被。

（5）应设置仅需最少维护的植被植物缓冲带，该缓冲带从湿塘的最大调蓄水位高度向外延伸至少7.5m。

（6）不应在缓冲区内建造永久性建/构筑物。

（7）施工期间，应将现有树木保存在缓冲区中。

（8）在施工过程中，雨水缓冲区的土壤通常会被严重压实，以确保稳定性。这些压实的土壤的密度可能很大，以至于它有力地阻止了根部渗透，因此可能导致植物过早死亡或丧失活力。根据经验，种植孔的深度应比根球、根径大三倍。

（9）适用于湿塘种植的植物种类及生态习性见表9-2。

湿塘适用植物表

表9-2

名称	拉丁名	科属	优点	缺点
水葱	*Scirous tabernaemontani*	莎草科 藨草属	能耐低温、耐水湿，对污水中有机物、氨氮、磷酸盐及重金属有较高的去除率	忌酷热
花叶水葱	*S.taber naemontani 'Zebrinus'*	莎草科 藨草属	观赏价值尤胜于水葱，喜水湿	忌酷热
金线水葱	*S.tabernaemontani 'Albescens'*	莎草科 藨草属	能耐低温、耐水湿，适宜生长在多水的沼泽、浅滩、水沟等地	不耐暴晒
旱伞草	*Cyperusalternifolius*	莎草科 莎草属	性喜温暖、阴湿及通风良好的环境，适应性强，对土壤要求不严格，沼泽地及长期积水的湿地也能生长良好	不耐寒冷，避免强光直射
细叶莎草	*Cyperus prolifer*	莎草科 莎草属	耐潮湿、耐干燥，对土壤要求不严格	属于热带植物，不耐寒
菖蒲	*A. calamus*	天南星科 菖蒲属	喜冷凉湿润气候，阴湿环境，耐寒	忌干旱

续表

名称	拉丁名	科属	优点	缺点
花叶菖蒲	*A. calamus* 'Variegatus'	天南星科 菖蒲属	喜湿润，耐寒，不择土壤，适应性较强，喜光又耐阴	忌干旱
木贼	*Equisetum hyemale*	木贼科 木贼属	生于坡林下阴湿处、湿地、溪边，喜阴湿的环境，喜直射阳光	不耐寒
灯心草	*Juncus effusus*	灯心草科 灯心草属	喜温暖、潮湿	不耐寒
香蒲	*Typha orientalis*	香蒲科 香蒲属	喜高温多湿气候，越冬期间能耐零下9℃低温，耐水湿，对土壤要求不严	耐水淹程度低于菖蒲
细叶香蒲	*Typha minima*	香蒲科 香蒲属	耐高温、耐水湿	不耐旱
小香蒲	*T. minima*	香蒲科 香蒲属	喜温暖潮湿，且为低温草地植物	抗旱能力差
水烛	*T. angustifolia*	香蒲科 香蒲属	耐水湿、耐水淹	不耐旱
芦竹	*Arundo donax*	禾本科 芦竹属	喜温暖，耐水湿	耐寒性不强
花叶芦竹	*Arundo donax* var. 'Variegata'	禾本科 芦竹属	喜光、喜温，耐水湿	不耐干旱和强光
银边卡开芦	*Phragmites karka* 'Variegata'	禾本科 芦苇属	暖季型植物，高大喜湿	不耐寒
金边卡开芦	*Phragmites karka* 'Margarita'	禾本科 芦苇属	耐热、耐水湿	不耐寒
芦苇	*Phragmites communis*	禾本科 芦苇属	有固堤、净化污水的作用，耐寒、耐水湿、抗旱、抗高温、抗倒伏，可短期成型、快速成景	入侵性较强
薏苡	*Coix lacryma-jobi*	禾本科 薏苡属	耐水湿	不耐寒，与禾本科连作易得黑穗病
野茭白	*Zinania latifolia*	禾本科 菰属	耐水湿、耐水淹	不耐旱

9.6 运营与维护

湿塘运营应制定长期维护计划，包括建议的维护任务和年度检查清单，如前置塘清淤周期和清淤方式、植物管养、枯枝清理、进出水口清理，以解决常见的问题，例如景观效果衰败、蚊虫控制、植物入侵、富营养化管理等，确保湿塘系统有效的运行。具体的维护管理要求如下文所述。

9.6.1 第一年维护

成功建立湿塘后需要在施工后的第一年内执行以下维护任务。

（1）初步检查：在施工后的前六个月中，应在降水超过 150mm 的暴雨后至少对现场进行两次检查。

（2）点播：检查人员应在排水区域或湿塘缓冲区周围寻找裸露或被侵蚀的区域，并立即覆植草皮将其修复。

（3）浇水：在第一个生长季节需要为湿塘缓冲区种植的树木浇水。通常，考虑第一个月每三天浇一次水，然后在第一个生长季节的其余时间（4月～10月）每周浇水，但具体还将取决于降雨量。

9.6.2 维修检查事项

应每年对湿塘的状况和性能进行检查与评估，具体如下。

（1）测量前置池的沉积物堆积状况。

（2）观测湿地植物的生长情况。记录物种及其大致覆盖范围，并注意是否存在入侵植物物种。

（3）检查湿塘雨水进水口的状况，看是否有材料损坏或被侵蚀。

（4）检查湿塘排污渠是否存在受侵蚀、堵塞、沉陷、碎石移位、碎屑堆积等现象。

（5）检查主要溢洪道和竖管的状况，看是否有剥落、接头老化、开裂、腐蚀等现象。

（6）检查维护通道以确保没有木本植物生长，并检查是否可以打开和操作阀门，检修孔和锁具。

（7）检查湿塘的护坡是否有植被稀疏、侵蚀或塌陷的迹象，并立即进行必要的维修和及时加固。

9.6.3 常见的日常维护任务

（1）一般维护

为使湿塘能够按设计长期运行，还需要进行日常一般例行维护，例如清除杂物和垃圾，见表9-3。

湿塘例行维修任务与频率 表 9-3

维修养护任务	频率
• 清除堵塞的杂物 • 修复受侵蚀或裸露的土壤区域	每季度一次或大暴雨后（降雨量>25mm）
• 割草筑堤	一年两次

续表

维修养护任务	频率
• 清理湿塘岸线，清除垃圾、杂物和漂浮物 • 全面的维护检查 • 打开竖管并测试阀门 • 修理损坏的机械部件（如果需要）	每年一次
• 湿塘植被缓冲区的水生植物种植与加固	一次性（施工后的第二年）
• 清除湿塘前湾的沉积物	每 5～7 年
• 根据具体需要维修管道、竖管和溢洪道	每 5～25 年

进水口、溢流口因冲刷造成水土流失时，应设置碎石缓冲或采取其他防冲刷措施；进水口、溢流口堵塞或淤积导致过水不畅时，应及时清理垃圾与沉积物；关键结构设施（例如路堤和溢流口）的检查和维修需要由具有经验的合格专业人员（例如结构工程师）进行；定期检查泵、阀门等相关设备，保证其能正常工作；防接触、误用、误饮等警示标识，护栏等安全防护设施及预警系统损坏或缺失时，应及时进行修复和完善。

（2）植被区维护

维护计划应明确概述未来如何管理或收获湿塘中的植被及其缓冲区，具体如下：

① 检修、植物残体清理 2 次 / 年（雨季），植物收割 1 次 / 年（冬季之前）；

② 仅在维护设施通道和路堤上定期修剪雨水植被缓冲区；

③ 其他缓冲区可以作为草地（每两年修剪一次）或森林来管理；

④ 应及时收割、补种修剪植物、清除杂草；

⑤ 应安排每年至少清洁一次岸线，以清除垃圾和漂浮物。

（3）泥沙清除

从前置塘清除沉积物对于维持湿塘的功能和能效至关重要，具体如下：

① 前置塘的清淤应在雨季之前进行；

② 应每 5～7 年进行一次清理；

③ 可在检查显示前置塘 / 预处理池内沉积物淤积超过 50% 时，及时进行清淤；

④ 如果没有上游侵蚀通道或其他沉积物来源，随着流域面积的稳定，沉积物清除的频率应降低；

⑤ 设计者还应检查清除的沉积物是否可以在现场降解消化或必须拖走，一般可通过土地施用或填埋进行处置。

10 生态旱溪

图 10-1 生态旱溪（阎邱杰 摄）

10.1 设施概述

10.1.1 定义

生态旱溪是指底部为卵石、碎石的地表沟渠。也可以解释为由地形、植物、碎石、水系等元素组成的一种模拟自然溪流的雨水设施。

不下雨时，生态旱溪就像干枯的河床一样，与周边场地的景观融合；当发生暴雨事件时，生态旱溪则可以承担雨水径流的传输作用，并对一些较大的悬浮物进行有效地拦截。

10.1.2 功能

旱溪作为一种传输过滤型海绵设施，具有很高的景观性，能够减缓径流速度，增加径流下渗、净化雨水，并且能够集蓄利用雨水。旱溪具有一定的雨水净化作用，可衔接其他各单项设施、城市雨水管渠系统等。另外，由于旱溪特有的生态性，能够形成较好的生境系统，为野生动植物提供良好的栖息环境。

10.2 选址与布局

生态旱溪是我国传统的雨水处理设施，同时具有优秀的景观效果，其平面布局形式见图 10-2，设计旱溪景观时，应从现代的景观设计审美进行考虑，例如石材类型、大小的选择，景观界面的线条处理等（图 10-3、图 10-4）。

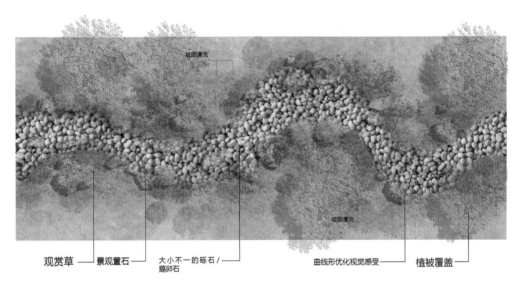

图 10-2　生态旱溪典型平面详图

图 10-3　西咸沣河生态公园的生态旱溪
（图片来源：GVL 怡境国际设计集团）

图 10-4　西咸沣河生态公园生态旱溪剖面图
（图片来源：GVL 怡境国际设计集团）

具体的选址与布局原则如下。

（1）旱溪多适用于汇水面积较小的区域，可用于建筑与小区内的道路、广场、停车场等不透水下垫面的周边、城市道路及城市绿地等区域，也可与雨水管渠联合使用，在场地竖向允许且不影响安全的情况下代替雨水管渠。

（2）可基于现状谷底、冲沟或斜坡进行布置，依据场地现状、设计需求增加跌水、汀步等设施，也可人工挖方构筑。

（3）旱溪具有建设及维护费用低，易与景观结合的优点，但在已建区及开发强度较大的新建区等区域易受场地条件制约，设计时应进行充分的考虑。

（4）其他制约条件可参考章节 4.2 有关植草沟的选址与布局条件。

10.3　结构与做法

生态旱溪的设计要注重其自然性及生境系统的营造，溪床路径应顺应周边的地形设置，灵巧地与路径周边的绿地尽量形成大小不一、形状各异的空间，以增加旱溪的观赏性及趣味性。如在旱溪路径的转弯处适当加宽溪床宽度，便于雨水流通，减少对溪岸的冲刷。

为了削弱周边径流对旱溪的冲刷，应采用缓坡入流的模式设计旱溪与周边绿地的衔接空间，也可以种植植物及设置体型适应的景观置石。

生态旱溪的断面多为抛物线形，以卵石铺设的干涸溪床为主体，宽度应大于其深度，依据现状条件确定，比例适宜控制在 2∶1。粗糙石块铺设在底部，小卵石铺设在边缘。

生态旱溪的深度应视场地的环境和雨水量容纳需求而定，当位于道路两侧或有行人通过时，最大深度不宜超过 250mm。

旱溪最大边坡坡比（垂直∶水平）不宜大于 1∶3，纵向坡度宜为 0.3%～8%，如由于坡度较大导致沟内水流流速超过设计流速时，应在底部增设土工布，纵坡过大时可设置成阶梯型，也可以在中途增设挡水堰或抬高挡水堰高程，防止可能产生的水土流失问题（图 10-5）。

应设置蜿蜒的溪床路径，上游入水口、转弯处应增加溪床宽度，铺设粗糙卵石；下游出水口应增加床底宽度，铺设细卵石。

生态旱溪的隐蔽工程部分，可以选择土工布覆盖或保留绿地的原有状态，下垫面可铺设透水土工布，上面用砂或砾石覆盖，尽量营造与周边环境相适应的区域生境。

生态旱溪底部夯实素土的密实度应大于 93%。

散置的卵石层平均厚度为 200～400mm，应选择河卵石粒径为 30～50mm、

图 10-5 纵坡较大时增设消能坎
（图片来源：http://blog.parecorp.com/wp-content/
uploads/2013/07/photos-7-7-09-012.jpg）

图 10-6 不同粒径的河卵石在生态旱溪中的配比关系
（图片来源：https://www.houzz.it/foto/asian-sanctuary-
phvw-vp～2254007）

50～150mm、150～300mm、300～500mm，所占比例分别为 50%、20%、10%、10%；局部点缀景石应占 10%（高 0.6～1.2m，宽 0.6～1.2m，大小自由组合），见图 10-6。

生态旱溪的底部及有些倾斜的坡体侧面，为防杂草肆意生长，应在底部铺撒 400mm 厚的砾石，斜坡上铺撒 100mm 厚的砾石，锋利的砾石边缘可以有效防止雨季土壤下滑，以免行人受伤。

溪床中央宜选择种植多年生草本植被，边缘应设置 1～2m 宽的阻隔型灌木、景观置石或隔离石墩等构筑物。

生态旱溪作为一种传输型雨水设施，一般与雨水花园、湿地和雨水管渠等联合使用方能发挥其最大的效益，在不影响安全的情况下也可以代替雨水管渠。

如进水口不能有效收集汇水面径流雨水，应加大进水口规模或进行局部下凹等措施（图 10-7）。

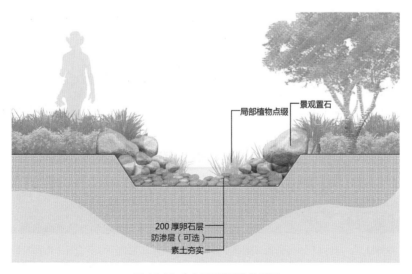

图 10-7 生态旱溪典型构造详图

10.4 景观因素考量

当绿地面积足够大时，生态旱溪的选型设计应遵循自然河道的蜿蜒形态穿梭在绿地之中，承接更多雨水径流的传输功能的同时，避免沟渠的突兀感，形成更加自然的视觉效果（图10-8）。

公园和生态园的设计中，生态旱溪的碎石布置应适当留有空隙，以供一些自然植被的生长，不必刻意清理，在下雨后的一段时间，形成微湿地景观效果（图10-9）。

中式或日式传统景观营造中应用生态旱溪时，应考虑当地独特的文化和宗教色彩，兼顾实用功能和意境营造，例如在景观置石的选择上，考虑与园区内整体的色相达成统一，或者选择古香古色的本地石材，切勿使用色彩跳跃、过于现代的置石（图10-10）。

不同形态、不同直径的石材选择可能形成完全不同的景观效果，例如选择花岗岩时，宜搭配3～5种茂密的植被，柔化石材坚硬的棱角，营造自然野趣的景观效果（图10-11）；选择鹅卵石时，可搭配2～3种植被点缀，两侧留有开放式的草坪空间，营造精致的人造景观效果（图10-12）；若选择色差较大的置石和碎石，则可以增加现代感，适合在一些商业办公园区内使用（图10-13）。需要注意的是，置石的摆放应错落有致，切勿过于规则化。

图10-8　JTC清洁园Jurong Eco-Garden裕廊生态园——生态旱溪营造原生态的野生走廊的景观效果，将生态旱溪内的雨水引流至中央核心区域生物滞留池和湿地进行收集，后经过生态净化与循环，使雨水被回收利用（阎邱杰 摄）

图 10-9　JTC 清洁园 Jurong Eco-Garden 裕廊生态园——下雨后的生态旱溪形成微湿地景观（阎邱杰　摄）

图 10-11　茂密的植被柔化石材的棱角
（图片来源：https://sevencanyonstrust.org/journal/2017/9/
11/salt-lake-costume-building）

图 10-10　兼顾实用性和意境营造的生态旱溪与周围环
境融合
（图片来源：https://craftcoral.com/diy-creek-beds/diy-
creek-beds-6/）

图 10-12　开放式的草坪空间中旱溪的景观效果
（图片来源：https://wemp.app/posts/334e2287-568c-427b-
84ed-ad684340a151）

图 10-13　黑色置石的材料选择别出心裁
（图片来源：https://www.rivercityusa.com/bioswale-remediation）

图 10-14　生态旱溪具有互动性和参与性
（图片来源：https://vebuka.com/print/18022
7061455-a73c15761500aecd8dc9193a
d72cf845/HYDROPHILIC_DESIGN_
FOR_ARCHITECTURE_AND_URBAN_
PLANNING）

　　当场地具有与人互动的功能需求（尤其是使用者为儿童时）时，应注意安全性的设计。例如旱溪的深度不宜超过 250mm，沟底宽度不宜小于 1m，坡度不宜过陡，石材宜选择圆滑的鹅卵石，植被不宜种植过密，避免影响到家长的看护视线等（图 10-14），此类生态旱溪宜设置精巧的科普展示牌，增加科普展示的功能。

　　生态旱溪还可以在局部地区增设栈桥，营造"小桥流水人家"的景观意境，自然地将人引入意境中，增加人与自然的互动机会（图 10-15）。

图 10-15　生态旱溪内增设栈桥和步道的效果

（图片来源：https://artfulrainwaterdesign.psu.edu/project/shoemaker-green-university-pennsylvania；http://www.
flickr.com/photos/48875472@N06/4688406561）

图 10-16　局部拓宽的生态旱溪可增加雨水的容纳量
（图片来源：https://www.mvvainc.com/m/projects/7/47）

图 10-17　路旁设置生态旱溪的效果
（图片来源：http://blogs.kqed.org/science/audio/designing-california-cities-for-a-long-term-drought/）

　　在入口区或者有可能产生较大雨量的区域，可以适当将生态旱溪的局部拓宽，增加雨水的容纳量，暴雨过后，残留的雨水和裸露的置石在阳光的映照下形成波光粼粼的滩涂景观，该场地亦可以成为儿童玩耍娱乐的场所（图 10-16）。

　　生态旱溪可以替代植草沟在道路两侧使用，以应对湍急的雨水径流（图 10-17），此时建议选择白色碎石进行铺设，与混凝土路面达成视觉上的色调统一。

　　生态旱溪可以设计在下凹绿地的底部区域，这样避免了底部草坪可能产生的冲刷侵蚀，可搭配曲折的园路小径，吸引人们进入绿地（图 10-18）。

图 10-18　绿地内生态旱溪与园林步道结合
（图片来源：http://klimakvarter.dk/wp-content/uploads/2015/06/LAR-katalog_Ask%C3%B8gade.pdf）

现代商业园区的重要景观节点不适宜设计自然蜿蜒的生态旱溪时，应根据场地的风格因地制宜地进行变形设计，增加新材料和新的设计元素，形成新的景观效果。例如使用耐候钢取代置石对旱溪收边，干净地处理旱溪与植物的边界，增加空间的现代感（图 10-19）。

图 10-19　深圳万科云城商业园区生态旱溪的表现手法
（曹景怡 摄）

10.5　植物筛选与配置

在旱溪的植物景观营造中，主要采用丛植、群植或片植的方式，沿溪流线型布置，形成收放的带状空间。另外，在旱溪景观营造中要清楚与周围植物的空间关系。与之搭配的植物所形成的开敞型、半开敞型、覆盖型以及封闭型空间形式，是旱溪生境营造的前提。旱溪植物选择可参考雨水花园（图 10-20）。

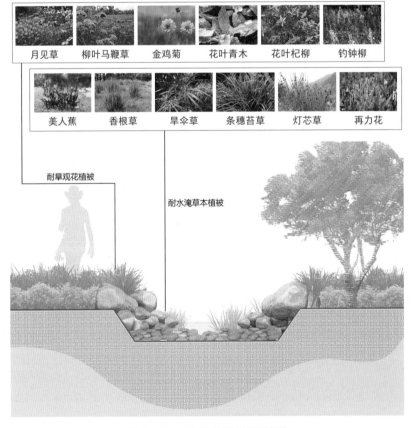

图 10-20　生态旱溪植物选择示意图

植物的选择应符合以下原则。

（1）优先选用本土植物，适当搭配外来物种。本土植物对当地的气候条件、土壤条件和周边环境有很好的适应能力，能发挥很好的去污能力，并呈现具有地方特色的生态旱溪景观，提高花园中物种的多样性，又避免物种入侵。

（2）选用根系发达、茎叶繁茂、净化能力强的植物，如香根草、吊兰、景天类、灯心草、芦苇、石菖蒲、水葱等。

（3）选用既可耐涝又有一定抗旱能力的植物，如海棠、垂柳、旱柳、榔榆、紫穗槐、紫藤、雪柳、重阳木、柿树等。

（4）选择可以相互搭配种植的植物，提高去污性和观赏性。

推荐植物生态习性见表 10-1。

生态旱溪适用植物的生长习性　　　　　　表 10-1

名称	拉丁学名	备注
芦苇	*Phragmites australis* (Cav.) Trin. ex Steud.	喜湿去污多年生禾草
芦竹	*Arundo donax.*	喜暖喜湿较耐旱多年生草本
香根草	*Vetiveria zizanioides* (L.) Nash	抗旱耐涝抗酸碱多年生草本
香蒲	*Typha orientalis* Presl	喜高温喜湿耐污多年生草本
美人蕉	*Canna indica* L.	喜光喜暖去污多年生草本
香菇草	*Hydrocotyle vulgaris*	喜光耐湿去污多年生草本
纸莎草	*Cyperus papyrus*	耐旱耐湿多年生草本
姜花	*Hedychium coronarium* Koen.	喜暖喜湿较耐旱多年生草本
灯心草	*Juncus effusus* L.	耐旱耐湿多年生草本
条穗苔草	*Carex nemostachys*	喜光喜润较耐寒多年生草本
千屈草	*Lythrum salicaria* L.	喜光耐寒喜湿多年生草本
泽泻	*Alisma plantago-aquatica* Linn.	耐寒耐旱多年生草本
三白草	*Saururus chinensis* (Lour.) Baill	喜光耐湿多年生草本
萍蓬草	*Nuphar pumilum* (Hoffm.) DC.	喜光耐湿多年生草本
菖蒲	*Acorus calamus* L.	喜湿耐寒多年生草本
鸢尾	*Iris tectorum* Maxim.	喜光喜湿不耐涝多年生草本
柳叶马鞭草	*Verbena bonariensis* L.	喜光耐旱多年生草本
月见草	*Oenothera biennis* L.	耐酸耐旱一年生草本
钓钟柳	*Penstemon campanulatus*	喜光喜湿多年生草本
金鸡菊	*Coreopsis basalis*	喜光耐旱一年生或二年生草本
花叶杞柳	*Salix integra* 'Hakuro Nishiki'	喜光喜湿耐旱落叶灌木
花叶青木	*Ancuba japonica* Thunb. var. variegata D'ombr.	喜光耐旱耐寒常绿灌木
八角金盘	*Fatsia japonica* (Thunb.) Decne. et Planch.	喜暖喜湿耐阴常绿灌木或小乔木
木芙蓉	*Hibiscus mutabilis* Linn.	喜暖耐湿落叶灌木或小乔木
木槿	*Hibiscus syriacus* Linn.	喜光耐旱耐寒落叶灌木

10.6　运营与维护

10.6.1　设施维护措施

（1）进水口出现冲刷造成水土流失时，应设置碎石缓冲或采取其他防冲刷措施。

（2）设施内沉积物淤积导致调蓄能力或过流能力不足时，应及时清理沉淀物。

（3）当调蓄空间雨水的排空时间超过 36h 时，应及时置换填料。

（4）如沟内沉积物淤积导致过水不畅，应及时清理垃圾与沉淀物。

（5）如边坡出现坍塌，应及时进行加固。

10.6.2　生态旱溪中植物维护管理

（1）日常维护主要是每年冬末或早春对老茎杆进行剪除，使新生芽免受遮蔽，保持较快生长。簇生型的观赏草要进行分株，以维持旺盛的生命力。

（2）分株的频率取决于观赏草的种类、土壤的肥沃程度、日照强度等。

（3）大多数的草种每三年分株一次。分株工作一般在秋季或初春完成。

11 高位雨水花坛

图 11-1 高位雨水花坛（阎邱杰 摄）

11.1 设施概述

11.1.1 定义

高位雨水花坛常见于建筑旁边或坡度较大的边坡，承接建筑屋面及高坡的雨水，结合高位花坛的景观高度进行设计。

高位花坛出水口相对于集水面有一定垂直距离，雨水从高位进水口进入，在势能差的作用下向下经过填充基质，通过基质的吸附截留和微生物作用实现水质净化，最终从低位出水口流出，可净化和收集地表径流，并兼具美化环境功能。

11.1.2 功能

屋顶高位花坛，主要收集处理屋顶雨水，并结合相应设施对屋顶雨水进行有效地回用，以达到雨水就地净化、储存、利用的目的（图 11-2）。

图 11-2　高位雨水花坛

（图片来源：https://www.tournesol.com/success/pre-cast-bioretention-planters-filter-stormwater）

11.2　选址与布局

高位雨水花坛一般与建筑物结合使用，主要用于处理来自屋面的雨水，其平面布置图见图 11-3，在设计高位雨水花坛时还应兼顾其景观功能，例如考虑设置座椅以及对光线的遮挡等问题，如图 11-4、图 11-5 所示。

具体选址与布局原则如下。

（1）高位雨水花坛多设置在建筑物旁边，在排水不良、坡度陡峭或有其他限制的场地其优势尤为突出，可作为雨水净化装置来接纳、净化屋面雨水。

（2）屋面雨水先流经高位花坛，花坛内填入渗透性能好、净化能力强的人工混合土进行渗透净化，再通过低势绿地进行渗透。

（3）高位雨水花坛的设计面积约等于不透水面积（屋顶、车道、停车场）的 4%～6%。

（4）高位雨水花坛的形状是没有特定要求的，由于常设置在建筑旁边，多为矩形。建筑物周边设置的种植墙应高一些，以避免产生雨水对建筑物的溢流，并且应具有保护建筑物地基或地下水位的防水措施。

（5）受用地条件、养护管理的可操作性和绿化景观功能的制约，单组高位雨水花坛平面尺寸不宜过大，长度和宽度可分别控制在 10m 及 5m 左右，深度可控制在 3m 左右，也可根据用地情况做灵活调整。单组雨水花坛蓄水规模约为 75m^3。

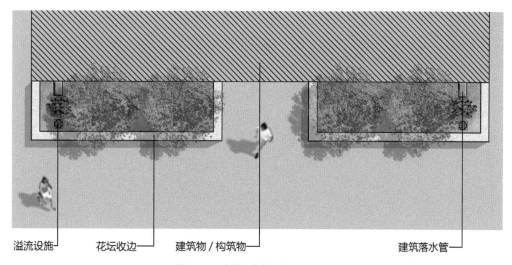

溢流设施　　花坛收边　　建筑物/构筑物　　　　　　　　建筑落水管

图 11-3　高位雨水花坛典型平面详图

图 11-4　惠州保利阳光城小学高位雨水花坛效果图
（图片来源：GVL 怡境国际设计集团）

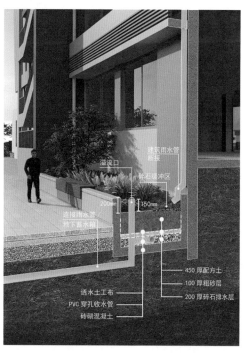

图 11-5　惠州保利阳光城小学高位雨水花坛剖面图
（图片来源：GVL 怡境国际设计集团）

11.3　结构与做法

高位雨水花坛构造详画如图 11-6 所示，具体设计要点如下。

（1）高位雨水花坛从上至下的结构为：雨水储存层、植被覆盖层、介质土层、砂层（可选）、透水土工布和砾石排水层（内含排水管）。

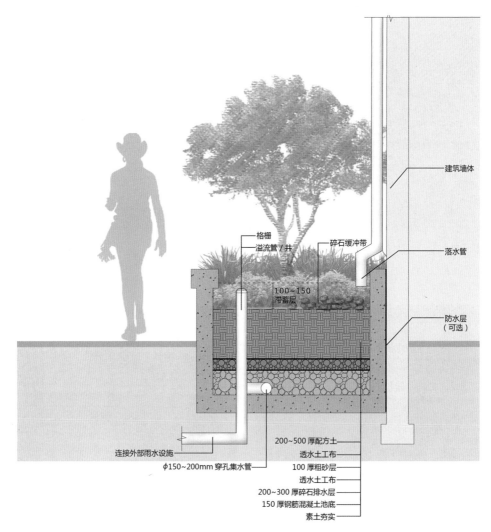

建筑墙体

落水管

防水层
（可选）

格栅
溢流管/井
碎石缓冲带
100~150
滞蓄层

200~500 厚配方土
透水土工布
100 厚粗砂层
透水土工布
200~300 厚碎石排水层
150 厚钢筋混凝土池底
素土夯实

连接外部雨水设施
φ150~200mm 穿孔集水管

图 11-6 高位雨水花坛典型构造详图

（2）花坛底部设2~3个穿孔排水管，管径50mm，排水管与雨落管间距应不小于5m。

（3）高位雨水花坛适用于承接屋面径流雨水，当雨水冲击力较大时，可设置石笼等缓冲设施，钢筋石笼外加镀锌保护层，厚度可根据客户的要求制作，镀锌量不小于230g/m^2。

（4）简易型高位雨水花坛适用于改造项目，花坛外围可采用4~6mm 耐候钢板，内加 40~60mm 隔温层。

（5）从排水口到雨水口或排水点应有足够的落差。

（6）为防止雨水冲刷花坛内植被和土壤，应在雨落管出口处设置消能措施或在花坛内铺设卵石。

（7）从消能区溢流出来的水进入花坛表层，经过植物的根茎、土壤中的微生物、砂土层和砾石层的渗透净化后再进行外排，消能区能将大部分管线或构筑物内的跌水产生的能量消除，从而减少花坛加固和维护的费用。

（8）在出水口处宜设置出流控制装置（由不同高程和不同直径的开口组成），当流量较小时，水从可以调节高度的下部开口流出；当流量变大时，部分雨水从上部开口溢出。

（9）土壤需要有渗透、滞留、储存径流的作用；土壤改良后更有利于植物生存及生长；减少夏季灌溉需求；减少肥料需求；减少物理/化学/微生物污染并减少侵蚀潜力。

（10）种植土壤厚度宜为45～50cm，最低入渗速度为12～25cm/h。种植土下方应设置30cm厚的砾石层。在种植面和溢流口的顶部之间应有15～30cm的储存空间。

（11）虹吸式屋面排水系统的雨水应通过三通管将雨水连接到高位雨水花坛的消能区进行消能（虹吸式排水系统原理：在降雨初期，屋面雨水高度未超过雨水斗高度时，整个排水系统工作状况与重力排水系统相同。随着降雨的持续，当屋面雨水高度超过雨水斗高度时，由于采用了科学设计的防漩涡雨水斗，通过控制进入雨水斗的雨水流量和调整流态减少漩涡，从而极大地减少了雨水进入排水系统时所夹带的空气量，使得系统中排水管道呈满流状态，利用建筑物屋面的高度和雨水所具有的势能，雨水连续流经雨水悬吊管转入雨水立管跌落时形成虹吸作用，并在该处管道内呈最大负压。屋面雨水在管道内负压的抽吸作用下以较高的流速被排至室外）。

（12）当现状位置不适宜植物生长时，可由消能池替代（图11-7）。

图11-7 碎石消能池
（图片来源：http://artpictures.club/spring-april-16-10.html）

11.4 景观因素考量

当建筑旁边没有条件做高位雨水花坛或有通行需求时，宜将高位雨水花坛与不远处的绿化池结合使用，花坛的平面设计不可妨碍人行动线，应注意隐藏和美化来自屋顶的排水管（图11-8）。

高位雨水花坛是一种特殊的地上海绵设施，可以考虑根据该特点设计成展示型雨水花坛，局部使用钢化玻璃侧壁，全面展示内部的雨水净化结构和雨水下渗的过程，同时达到科普教育的效果（图11-9）。

图 11-8 与建筑不衔接的高位雨水花坛的设计细节
（图片来源：Anne Madden，Steve KelleyLaurie Harris. LIDA Handbook[M].Tualatin Basin Natural Resources Coordinating Committee's public education and outreach committee，2009.）

当高位雨水花坛需要在池边设计溢流口时，应注意豁口细节的处理。例如豁口的位置宜与池壁的石材拼缝相对应，豁口的宽度不宜过大，布置疏密有致，豁口处不宜种植茂密高耸的植被，避免阻塞雨水的溢流通道等（图11-10）。

图 11-9 广东清远璞驿酒店雨水花园——展示型高位雨水花坛
（图片来源：GVL 怡境国际设计集团）

图 11-10　高位雨水花坛的设计细节

（图片来源：http://www.flowstobay.org/documents/business/new-development/6.5_Flow-Through_Planter_Technical_Guidance.pdf；http://www.flowstobay.org/documents/business/new-development/6.5_Flow-Through_Planter_Technical_Guidance.pdf）

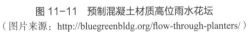

图 11-11　预制混凝土材质高位雨水花坛　　　　图 11-12　耐候钢材质高位雨水花坛

（图片来源：http://bluegreenbldg.org/flow-through-planters/）　　（图片来源：https://plan-it-earthdesign.com/rain-gardens）

　　高位雨水花坛的池壁应注意材料的使用和色调的控制，不同的材料可形成不同的景观效果，例如预制混凝土池壁搭配统一的深色植被，视觉上既强调了建筑的边界又与道路色调呼应、统一，形成清新干净的景观效果（图 11-11）；又例如使用耐候钢板的花坛修饰建筑突出的边角，与木质平台色调统一，搭配草花植被，形成自然野趣的景观效果（图 11-12）。

　　高位雨水花坛的高度一般在 400～450mm 之间，在实际应用过程中，可根据场地现状、动线布局和使用者的需求做不同的变形设计，当高位雨水花坛有停留休憩的需求时，注意台面宽度不小于 450mm（图 11-13、图 11-14）。

　　异形的高位雨水花坛应与建筑边线贴合，出现锐角时，应注意细节安全性的处理，防止与路人发生碰撞（图 11-15），建筑有窗的位置应注意不可种植高耸的植被遮挡视线。

图 11-13 抬高 200mm 的高位雨水花坛做种植池使用

（图片来源：http://bluegreenbldg.org/flow-through-planters/walnut-creek-public-library/）

图 11-14 高位雨水花坛兼顾休憩功能——花坛台面宽度至少为 450mm，池壁可做向内倾斜坡度，增加座位的舒适度及美观度

（图片来源：http://bluegreenbldg.org/flow-through-planters/walnut-creek-public-library/）

图 11-15 异形雨水花坛设计效果

（图片来源：http://bluegreenbldg.org/flow-through-planters/walnut-creek-public-library/）

图 11-16 分散布置小型高位雨水花坛细节

（左图来源：https://microsite.caddetails.com/Project/tournesol-siteworks-inc/642/1101-w-el-camino/1932；右图来源：https://microsite.caddetails.com/main/company/viewproduct?productID=42198&companyID=642&isFeatured=False&microsite=1&currentTab=Project）

建筑通行入口处，应点状分散布置小型高位雨水花坛，代替传统的可移动花箱，植被应选择具有观赏价值的草花或者开花灌木，落水管的出口宜使用植被遮挡（图 11-16）。

11.5　植物筛选与配置

11.5.1　植物选择原则

（1）选择耐旱、抗寒性强的矮灌木和草本植物。

（2）选择阳性、耐瘠薄的浅根性植物。

（3）选择抗风、不易倒伏、耐积水的植物种类。

（4）选择以常绿为主，冬季能露地越冬的植物。

（5）尽量选用乡土植物，适当引种绿化新品种。

11.5.2　植物配置原则

（1）尽量选择本地和适应性良好的植物，以减少灌溉。同时可以适当引入非侵入性的观赏植物来提高审美和功能价值。为了保证高位雨水花坛的水文功能，防止水土流失，植被应密植均匀。

（2）高位雨水花坛的植被有助于减缓雨水的流动，截留沉积物，减少侵蚀，限制杂草的蔓延。同时能够与种植土壤中的细菌、真菌和其他有机体相互作用来分解污染物。应选择生命力顽强、根系发达、耐污染有净化能力的植物。

（3）种植既能耐涝，又具有一定抗旱能力的草本植物（如灯芯草、莎草）、多年生植物、蕨类植物和灌木（图 11-17）。

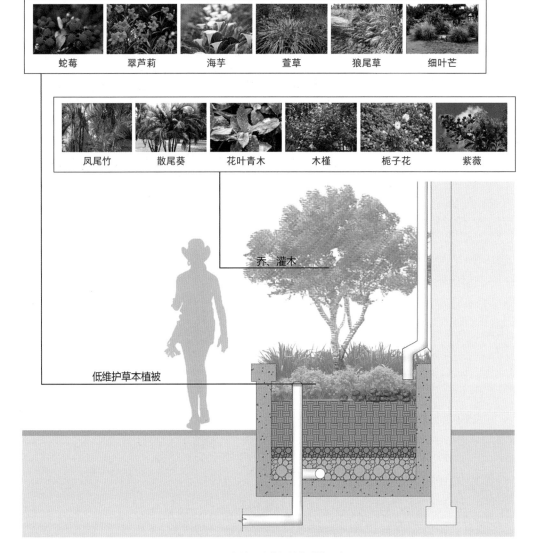

图 11-17　高位雨水花坛植物种植示意图

（4）选择阳性、耐旱、耐寒、浅根性植物，还必须属低矮、抗风、耐移植的品种（表 11-1）。

高位雨水花坛推荐植物及生态习性		表 11-1
名称	拉丁学名	备注
芦竹	*Arundo donax* L.	不耐寒喜水湿多年生草本
美人蕉	*Canna indica* L.	喜光耐湿多年生草本
细叶芒	*Miscanthus sinensis* cv.	喜光耐寒耐旱耐涝多年生草本

续表

名称	拉丁学名	备注
垂叶榕	*Ficus benjamina* L.	喜光较耐寒喜湿乔木
散尾葵	*Chrysalidocarpus lutescens* H. Wendl.	喜光喜湿常绿灌木或小乔木
慈姑	*Sagittaria trifolia* L. var. *sinensis* (Sims.) Makino	喜光喜温湿多年生草本
水蕹	*Aponogeton lakhonensis* A. Camus	喜光喜温湿多年生草本
木槿	*Hibiscus syriacus* Linn.	喜光耐旱耐寒落叶灌木
花叶青木	*Ancuba japonica* Thunb. var. *variegata* D'ombr.	喜光耐旱耐寒常绿灌木

11.6　运营与维护

11.6.1　高位雨水花坛维护细则

（1）高位雨水花坛设施应根据植被品种定期修剪和挖除，修剪高度保持在设计范围内，修剪的枝叶应及时清理，不得堆积。

（2）定期巡检评估植物是否存在疾病感染、长势不良等情况，当植被出现缺株时，应定期补种；在植物长势不良处重新播种，如有需要，更换更适宜环境的植物品种。

（3）定期检查植被缓冲带表面是否有冲蚀、土壤板结、沉积物等。

（4）高位雨水花坛内杂草宜手动清除，不宜使用除草剂和杀虫剂，特别是在生长期，应限制使用。

（5）进水口、溢流口因冲刷造成水土流失时，应设置碎石缓冲或采取其他防冲刷措施。

（6）进水口、溢流口堵塞或淤积导致过水不畅时，应及时清理垃圾与沉积物。

（7）每年补充覆盖层，保证达到设计要求的层厚。

（8）作为市政道路配套设施，道路雨水高位花坛应定期进行养护与管理，通过设置进水沉泥井、出水检查井、蓄水区检查孔，可满足蓄水区池体清淤、种植土更换及绿化植物的日常养护等要求。

11.6.2　高位雨水花坛维护周期

高位花坛作为生物滞留设施的一类，其维护事项及维护周期可参照生物滞留设施，参见表3-4。

12 生态停车场

图 12-1 植草砖生态停车场（闫邱杰 摄）

12.1 设施概述

12.1.1 定义

生态停车场是指具有高绿化、高承载的露天停车场，是一种具备透水、净化、环保、低碳功能的停车场。可以将停车空间与周边下凹绿地结合，通过高透水属性实现海绵城市径流总量控制和污染物去除的控制指标。

12.1.2 功能

生态停车场提高了雨水下渗率，补给土壤水分，控制住雨水径流，同时透水功能和植被结合净化停车场中产生的污染物，如汽车损耗产生的重金属、细菌、机油沉淀物等。在环境效益上生态停车场有效地将硬地转化为城市绿地，补充城市地下水、降低城市雨洪内涝风险、改善城市热岛效应。在紧张的城市生态环境下，节约空间、合理利用空间打造生态绿化，使得交通功能与生态、景观融合统一。

12.1.3 分类

生态停车场采取嵌草铺装和透水结构的做法，其根据面层材料不同可以分为植草砖、植草格、浇筑植草地坪（表12-1）。

嵌草铺装材料性能对比表   表 12-1

材料	透水性	结构稳定性	绿化率（%）	施工	维护
植草砖	好	较好	30	简单	成本高
植草格	好	一般	95	简单	方便
浇筑植草地坪	好	稳定性好	50	较难	方便

12.2　选址与布局

　　生态停车场平面布局应结合下凹海绵设施和溢流设施，其典型的平面布置形式见图 12-2，经过生态停车场初步净化的雨水，自然找坡流到周边下凹绿地调蓄（图 12-3）。当生态停车场距离绿地有一定距离时，可以如图 12-4 所示通过排水沟传输过去。生态停车场周边可以选择平道牙或者开口道牙（图 12-5、图 12-6），设计合理的雨水流线系统。

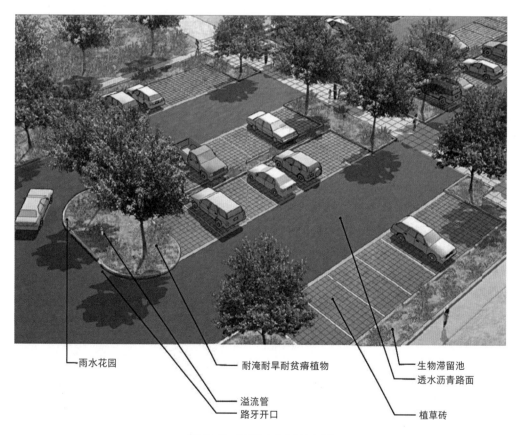

雨水花园
耐淹耐旱耐贫瘠植物
生物滞留池
透水沥青路面
溢流管
路牙开口
植草砖

图 12-2　典型生态停车场布局图
（图片来源：译自 "Anne Madden，Steve KelleyLaurie Harris.LIDA Handbook[M].Tualatin Basin Natural Resources Coordinating Committee's public education and outreach committee，2009"）

图 12-3　生态停车场找坡至下凹海绵设施

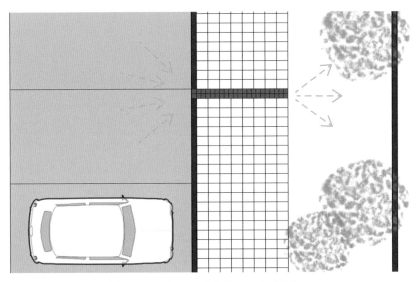

图 12-4　多余的雨水径流通过雨水沟进入下凹海绵设施

图 12-5　增城水厂生态停车场设计
（图片来源：GVL 怡境国际设计集团）

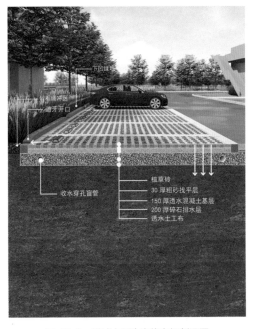

图 12-6　增城水厂生态停车场剖面图
（图片来源：GVL 怡境国际设计集团）

具体的选址与布局原则如下。

（1）找坡和排水

生态停车场的找坡和排水将多余径流引向车位旁边的下凹绿地或生物滞留池区域，从而取消正常雨水口。

（2）进水口和溢流口

生态停车场进水口可设置平道牙或路牙开口，引导多余径流流入下凹绿地。当生态停车场周边绿地较远时，可设置排水渠引导至就近的下凹海绵设施内。在生态停车场旁边的下凹绿地布置合适的溢流口，作为超标雨水连接市政管网的路线。

12.3　结构与做法

植草砖由预制混凝土在模型中浇筑而成，砖上预留可放入基质的孔洞空间，在基质中种植草坪。植草砖具有良好的透水性、透气性，可快速渗水利于草坪生长（图12-7～图12-9）。

植草格采用改性高分子量 HDPE 为原料，形成植草格，格上放置基质种植草坪。该材料绿色环保，完全可回收。其特性为耐压、耐磨、抗冲击、抗老化、耐腐蚀。该材料提升了品质，节约了成本，完美实现了草坪、停车场二合一（图12-10、图12-11）。

浇筑植草地坪是一种混凝土现浇并具有连续孔质的植草系统，并可根据承载要求

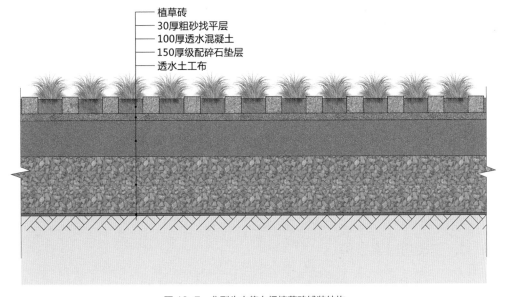

植草砖
30厚粗砂找平层
100厚透水混凝土
150厚级配碎石垫层
透水土工布

图 12-7　典型生态停车场植草砖铺装结构

图 12-8　植草砖生态停车场 1（闫邱杰 摄）

图 12-9　植草砖生态停车场 2
（图片来源：http://www.lamtinchina.com/info/detail/1402.
html）

图 12-10　植草格材料
（图片来源：https://www.alibaba.
com/product-detail/Grass-
Driveway-Paving-plastic-grass-
planting_60667762051.html）

图 12-11　植草格生态停车场效果
（图片来源：https://www.o2d-environnement.
com/application/stationnement-vegetalise-
parking-gazon/）

图 12-12　浇筑植草地坪效果
（图片来源：http://biz.co188.com/
product_2647/）

的不同而设计混凝土配比及配筋。生态植草地坪具有良好的结构整体性、草皮连续性和透水透气性（图 12-12）。

混合种植土壤由特定比例的沙子、优良土壤和有机物质组成，以促进植物的蓬勃生长和雨水的渗透。为保证草皮生长效果可以适当添加生物肥料，一定掺沙比例的种植土壤可以保证土壤渗透性，即使因施工压实和有后期车辆碾压。

大多数地面停车场使用传统的不透水的沥青铺路材料。生态停车场则需要使用植草透水路面系统来减少雨水径流，同时显著改善雨水水质和地下水补给。这就要求生态停车场的垫层结构也应使用透水材料，底部多是以透水混凝土基层和排水碎石垫层为主的全透水结构。雨水滞留在透水路面以下渗入土壤，或被底部穿孔盲管收集起来回用。

12.4　景观因素考量

为了保持生态停车场高效发挥海绵城市功能，多会在其旁边绿地设置下凹生物滞留设施收集多余的雨水径流。这样在停车场铺装周边的道牙、雨水径流传输系统和生态停车场的排水系统上进行景观优化设计，可以组合成功能与景观效果相互衬托的生态停车场（图12-13～图12-15）。

图12-13　生态停车场妥善地融入在景观设计之中

（图片来源：http://landezine.com/index.php/2018/12/giromagny-social-and-cultural-center-by-territoires/）

图12-14　植草砖与透水砖分割车轮路径营造独特形式生态停车场

（图片来源：http://www.planergruppe-oberhausen.de/hrw-bottrop/）

图12-15　生态停车场与生态树池结合景观效果（阎邱杰 摄）

12.5　植物筛选与配置

生态停车场植物配置的注意事项如下。

（1）选择能够承受季节性潮湿土壤的植物。

（2）不要选择根系发达的植物，以免破坏铺装。

（3）植株高度以及预期生长高度不能遮挡安全视线。

12.6　运营与维护

生态停车场需要维护来保持其可持续和功能（表 12-2）。在设计阶段选择植物时，应该考虑到它们的维护需求，维护程度可按以下三种情况分类。

（1）低维护要求：每年维护一次，不需要灌溉。

（2）中维护要求：每季维护一次，需要少量水灌溉。

（3）高维护要求：每月维护一次，场地需要有灌溉。

生态停车场维护保养表

表 12-2

维护项目	导流区和生态过滤区	透水铺装	种植空间
暴雨后视察	√	√	—
清理垃圾、沉淀和叶子	√	√	√
清洁进水口和排水口	√	—	—
调整覆盖物和石头	√	—	—
用水	√	—	√
清除杂草和外来物种	√	—	√
修剪植物（如需要）	√	—	√
更换覆盖物	√	—	√
扫街除尘	—	√	—

13 植被缓冲带

图 13-1 西咸沣河生态公园植被缓冲带
（图片来源：GVL 怡境国际设计集团）

13.1 设施概述

13.1.1 定义

植被缓冲带指的是坡度较缓并具备一定宽度的植被区，经植被拦截及土壤下渗作用减缓地表径流流速，并沉降、过滤、稀释、下渗和吸收径流中的部分污染物，植被缓冲带的坡度一般为 2%～6%，宽度不宜小于 2m。

13.1.2 功能

（1）缓冲功能。植被缓冲带可以通过过滤、渗透、吸收、滞留、沉积等物理、化学和生物反应削减雨水径流中的悬浮固体颗粒、有机污染物及重金属等微量元素。

（2）水土保持。植被的根系使得土壤连接更加紧密，有利于减少雨水冲刷、水流侵蚀造成的水土流失。

（3）丰富生态多样性。植被缓冲带将单一的绿化地连接成生态走廊，丰富的植物种类为动物提供稳定的生存空间，并消减城市噪音，美化城市景观（图 13-2）。

图 13-2 多种植被组合（闫邱杰 摄）

13.1.3　优点

（1）建设与维护费用低。

（2）可以有效拦截和减少悬浮固体颗粒和有机污染物。

（3）植被能保护土壤在大暴雨时不被冲走，减少水土流失。

（4）结合地形设计、多种植物复合空间和不同材料形式的挡土墙，有较好的景观效果。

13.1.4　缺点

（1）对场地空间大小、坡度条件要求较高，且径流控制效果有限。

（2）坡度大于 6% 时，净化效果较差。

（3）需要及时清除堆积的沉淀物。

（4）缓冲带末端需配合其他海绵设施进行雨水收集净化，本身没有滞蓄功能。

13.2　选址与布局

植被缓冲带具有净化上游道路、广场等雨水径流的功能，其在平面布局中应位于铺装道路下游，且在植被缓冲带末端设置用于雨水调蓄的海绵设施，典型的平面布置形式见图 13-3，植被缓冲带一般适用于具有一定坡度和宽度的绿地，多分布于道路及广场周边，对雨水径流污染具有较强的净化能力，还可以利用多重植物组合结合挡土墙设计打造优美的景观效果，例如银川北控水科技公园植被缓冲带设计有效地处理了广场雨水径流（图 13-4、图 13-5）。

具体的选址与布局的原则如下。

（1）植被缓冲带适合设置在住宅、公路、停车场、商业及轻工业污染区域，或作为预处理设施与其他海绵城市绿色设施结合在一起，同时也可作为河岸缓冲区的一部分。

（2）植被缓冲带应根据地形实际条件确定，一般设置在坡地的下坡位置，与径流流向垂直布置，长坡可沿等高线多设置几道缓冲带，从而削减水流的能量，如果选址不合理，大部分径流则会绕过缓冲带，直接进入沟渠，这会急剧减少该设施的滞留作用。

（3）植被缓冲带通常位于斜坡坡地的下坡位置，坡度一般为 2%～6%。

（4）植物缓冲带末端与海绵城市设施相连接，作为预处理设施。

（5）植物缓冲带在长坡上可以沿等高线多设置几道缓冲带，其最小长度是7.62m，且宽度不宜小于 2m。

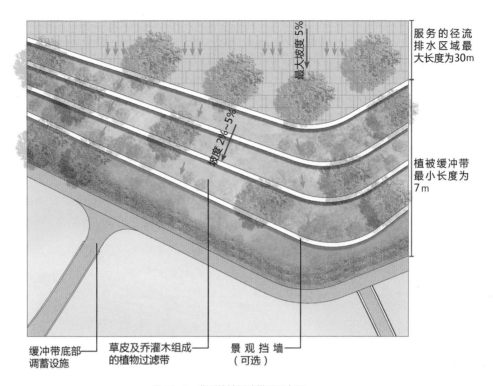

图 13-3 典型植被缓冲带平面布局

图 13-4 银川北控水科技公园植被缓冲带
（图片来源：GVL 怡境国际设计集团）

图 13-5 银川北控水科技公园植被缓冲带剖面图
（图片来源：GVL 怡境国际设计集团）

13.3 结构与做法

（1）形式与分类

根据植被组合类型可划分出多种植被缓冲带：林丛混交缓冲带、乔灌混交缓冲带、生态湿地缓冲带，设计植被缓冲带时应充分考虑到缓冲带位置、植物种类、结构和布局及宽度等因素，才能充分发挥其功能（图13-6）。

（2）空间和结构设计

植被缓冲带是坡度较缓的带状植被区，其主要功能是削减径流污染，一般通过植被拦截及土壤下渗作用减缓地表径流流速、去除径流中的部分污染物，也具有增加入渗、延长汇流时间的作用。其缓坡高处有汇水面，汇集后流入碎石消能坎，再缓步向下通过缓坡消能，通过砂石、渗透管进行过滤，并在下方的低洼处设立净化区。

植被缓冲带使用常规土壤类型即可，厚度为45cm。滤带的大小取决于现有土壤的入渗速率，例如，渗透速率小于5cm/h，一个140m^{2}的不透水区域则需要一个8.5m^{2}的过滤带。过滤带的有效性可通过在坡脚加设护堤来提高。通过提供一个非常浅的临时积水区，护堤可以使径流流速和流量减少，从而提高污染物去除能力。护堤的高度应在15~30cm范围内，由沙子、砂砾和砂质壤土构成，以植被覆盖，确保该地区在24h内排水或在短时间内输送暴雨径流。有的场地坡度超过5%，在该类坡度较大的地区可使用多层不同宽度的植被缓冲带或与溢流堰进行组合，以减低流速。通常，堰高为8~13cm，至少每隔3m放置一个（图13-7）。

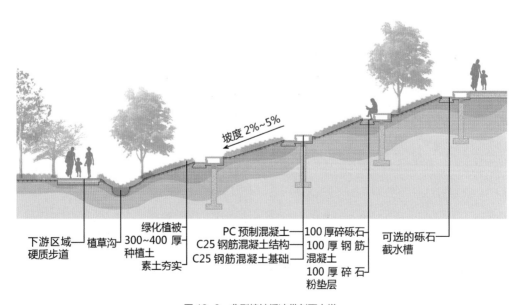

图13-6 典型植被缓冲带剖面大样

图 13-7　植被缓冲带结合挡水坎溢流堰设计（闫邱杰 摄）

13.4　景观因素考量

　　植被缓冲带是具有景观展示潜力的海绵设施之一，利用坡度和地形优势丰富场地竖向空间的景观效果，通过丰富的乔灌地被多种植物配置，形成舒适生态的绿地景观，也可以利用石笼、挡水坎、截水沟等多种方式缓解高差形成台地景观，实现海绵功能与景观效果的结合（图 13-8～图 13-10）。

图 13-8　植被缓冲带多重乔灌与碎石截留渠结合的景观设计

（图片来源：http://landezine.com/index.php/2014/04/sands-bethworks-swa-group-landscape-architecture/）

图 13-9 植被缓冲带结合景观挡墙
（图片来源：https://www.sasaki.com/zh/projects/tom-hanafan-rivers-edge-park/）

图 13-10 植被缓冲带种植观赏草的生态景观效果
（闫邱杰 摄）

13.5 植物筛选与配置

植物的选择应符合以下原则。

（1）选择耐旱、抗雨水冲刷的植物。植被缓冲带有一定的坡度，在降雨量较强的情况下，雨水径流急速冲向植被缓冲带，对植物有较强的冲刷作用。

（2）选择根系发达的深根系植物及抗污染能力强的植物。因为无降雨时，植被缓冲带一般处于干旱状态，植物较为缺水，深根系植物可以向深层土壤吸收水分，以减少浇水频率；另一方面由于道路和广场等硬质路面的污染物较多，抗污染能力强的植物则可以帮助缓解雨水径流中的污染物对植被缓冲带的土壤带来的负面影响。

（3）选择寿命长且耐粗放管理的本土植物。本土植物有很强的适应性，不易受当地的极端气候影响，成活率较高，能够维持植被缓冲带较长时间的景观效果及减少维护费用。

（4）植被缓冲带位于车行道和人行步道的中间时，对植物景观效果要求较高，在景观空间上应考虑植被缓冲带两边人群的视觉效果，结合乔木、灌木、草花进行设计。

适用于植被缓冲带的植物选择具体如下（图 13-11）。

（1）乔木：红千层、水杉、水松、落羽杉、垂柳、旱柳、金丝柳、柽柳、木芙蓉、乌桕、异叶南洋杉、榔榆、枫香、豆梨、沙梨、重阳木、构树、黄金间碧竹、佛肚竹、红花羊蹄甲、小叶榕、柳杉、侧柏、圆柏、龙柏、黄槐决明、鸡爪槭、澳洲鸭脚木、白兰、鸡蛋花、夹竹桃、美丽异木棉、鸡冠刺桐、火焰树、大花紫薇。

（2）灌木：九里香、雀舌黄杨、鹅掌柴、木槿、红花檵木、黄金榕、垂叶榕、扶桑、海桐、紫穗槐、紫绵木、金边假连翘、杜鹃花、三角梅、琴叶珊瑚、变叶木、朱

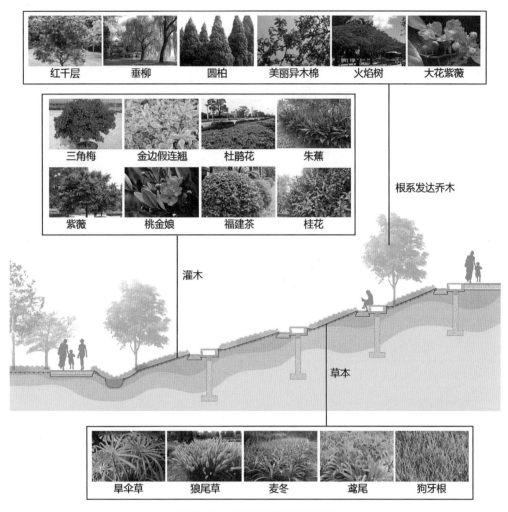

红干层　垂柳　圆柏　美丽异木棉　火焰树　大花紫薇

三角梅　金边假连翘　杜鹃花　朱蕉

紫薇　桃金娘　福建茶　桂花

根系发达乔木

灌木

草本

旱伞草　狼尾草　麦冬　鸢尾　狗牙根

图 13-11　植被缓冲带种植植物选择

蕉、三角梅、海南龙血树、紫薇、细叶雪茄花、野牡丹、桃金娘、软枝黄蝉、狗尾
红、南洋参、红背桂、桢桐、散尾葵、龙船花、杜鹃花、茶花、洋金凤、夜香树、红
刺林投、美蕊花、福建茶、金包花、米仔兰、含笑、扶桑、假杜鹃、龙吐珠、薜荔、
桂花、灰莉、海南苏铁、台湾苏铁、鳞枇苏铁、红车木、狗牙花、罗汉松、神秘果、
凤尾竹、马缨丹、蔓马缨丹。

（3）草花：旱伞草、吉祥草、鱼腥草、冷水花、淡竹叶、毛茛、蛇莓、八角莲、
凹叶景天、苂草、翻白草、九头狮子草、紫萼、野菊、地念、野古草、狼尾草、石
蒜、葱兰、叶下珠、麦冬、青葙、鸢尾花、玉簪花、萱草、沿阶草、大花金鸡菊、红
三叶、荷莲豆草、马蹄金、狗牙根、蔓花生、南美蟛蜞菊、金娃娃萱草、条纹钝叶
草、八宝景天、黄花葱兰、铺地百里香、长寿花、紫背鸭跖草。

13.6 运营与维护

运营与维护要点如下。

（1）应及时补种修剪植物、清除杂草。

（2）进水口不能有效收集汇水面径流雨水时，应扩大进水口规模或进行局部下凹等。

（3）进水口因冲刷造成水土流失时，应设置碎石缓冲或采取其他防冲刷措施。

（4）沟内沉积物淤积导致过水不畅时，应及时清理垃圾与沉积物。

（5）边坡出现坍塌时，应及时进行加固。

（6）由于坡度较大导致沟内水流流速超过设计流速时，应增设挡水堰或抬高挡水堰高程（表13-1）。

植被缓冲带设施巡查频次及维护频率周期表　　　　　表13-1

维护事项＼周期	日常	季度	半年	一年	维护类型	备注
植物疾病感染	√				日常巡查	根据植物特性
长势不良植物替换		√			简易维护	按需
修剪植株		√			局部功能性维护	根据植物特性及设计要求
配水、溢流设施		√			日常巡查	暴雨前、后
进、出水口堵塞情况	√				日常巡查	暴雨前、后
清除局部淤积			√		日常巡查	暴雨后
暗渠检查/清洗				√	整体功能性维护	清扫保洁
岸坡				√	修复坍塌	按需

14　生态驳岸

图 14-1　纽约猎人角南海滨公园的生态驳岸——由废旧工业用地改造的生态驳岸，使市民可以尽情地探索和享受滨水区
（图片来源：https://swabalsley.com/projects/hunters-point-south-waterfront-park/）

14.1　设施概述

14.1.1　定义

生态驳岸是指恢复后的自然河岸或具有自然河岸"可渗透性"的人工驳岸，它可以充分保证河岸与河流水体之间的水分交换和调节，同时具有一定的抗洪强度。生态驳岸通过使用植物或植物与土木工程和非生命植物材料的结合，减小坡面和坡脚的不稳定性和侵蚀，并为生物提供栖息地环境。

14.1.2　功能

生态驳岸除了要兼具传统工程驳岸的护堤、防洪等基本功能外，还应具备以下功能。

（1）水位调控

生态驳岸与河水形成良性渗透关系，具体体现在：丰水期，河流中水渗透到驳岸外的地下管道并储存，缓解城市内涝灾害；枯水期，地下水借由驳岸又进入河道中，补充了河流水体并调控了水位。

（2）水环境修复

生态驳岸的植被可以过滤径流，降低径流速度，从而将沉积物、养分和其他污染物在进入水体之前移出，同时避免水土流失，生态驳岸上修建的各种鱼巢、鱼道，可形成不同的流速带和紊流，使空气中的氧气融入水中，河道生态系统通过生物食物链过程消减有机污染物来增强水体的自净能力，改善河流水质，从而达到净化水质和修复水环境的作用。

（3）保持生物多样性

生态驳岸把城市河道的植被与堤内植被连成一体，构成一个完整的河流生态系统，能为鱼类等水生动物和两栖类动物以及陆上昆虫、鸟类等提供栖息、繁衍和避难的理想场所，同时侵入水中的柳枝、根系还可为鱼类产卵，幼鱼避难、觅食提供场所，从而形成一个水陆复合型生物共生的生态系统。

（4）改善滨水景观

相较于传统的垂直驳岸，生态驳岸为滨水景观的设计和开发提供了更美观和友好的界面，提升了城市形象，恢复了滨水区的生态与活力，同时提升了滨水区观光、旅游的潜力（图14-2）。

图14-2　将原有的垂直驳岸一侧恢复成为自然式驳岸的滨水空间（阎邱杰　摄）

14.1.3 分类

从景观设计形式来看，常见的生态驳岸可以分为植物驳岸、抛石驳岸、石笼驳岸和退台式驳岸。

植物驳岸根据坡度的大小又可分为植物缓坡驳岸和植物人工驳岸，植物缓坡驳岸一般指模拟天然河流，自然延伸至水中的由植被覆盖的驳岸（图14-3），植物人工驳岸则针对河岸边坡较陡的地方，增加木桩、块石等工程措施进行干预，达到稳定河床和边坡的目的（图14-4）。

抛石驳岸指将天然石材均匀地铺设在驳岸处或适当地做嵌入土壤工程措施，形成对岸线的保护（图14-5）。

图14-3 弗吉尼亚大学中心河道的植物缓坡驳岸
（图片来源：https://www.landscapeperformance.org/case-study-briefs/the-dell-at-the-university-of-virginia）

图14-4 深圳福田河的植物人工驳岸（刘颖圣 摄）

图14-5 抛石驳岸
（图片来源：https://landscapeaustralia.com/articles/aire/）

图 14-6 石笼驳岸
（图片来源：https://ottenki-serogo.
livejournal.com/310589.html）

图 14-7 退台式生态驳岸 siegen city centre 公园
（图片来源：https://www.pandomo.nl/nieuwbouw/aanbod-nieuwbouw-projecten/
n/suikerunieterrein-6862/）

石笼驳岸是利用装填石块的笼子构建的一种驳岸形式，为防止河岸或构造物受水流冲刷而设置（图 14-6）。

退台式驳岸指可结合硬质台阶或植被台地以保持河岸稳定的一种生态驳岸形式。退台式驳岸不仅满足驳岸的功能需求，还可增加滨水空间的层次感，更易打造亲水空间（图 14-7）。

14.2 选址与布局

生态驳岸的形式多种多样，根据不同的水体环境可选择不同的驳岸形式，有时根据景观需求，一条岸线上也经常出现多种生态驳岸形式（图 14-8）。

具体的选址与布局的原则如下。

（1）生态驳岸适用于城市公园水体、城市河道和湿地等小型水体或大型水体的水陆交错区。

（2）植物缓坡驳岸适用于坡度缓、腹地大、流速 ≤ 1.0m/s 的水体，对防洪要求不高，保持自然状态，配合植物种植达到稳定驳岸的作用。

（3）植物人工驳岸适用于土质不稳定、坡度陡、流速 > 1.0m/s 的水体，保持自然状态，对于防洪要求高，但区域面积较小的地段，在原驳岸的基础上增加木材、石材等护岸工程，以确保防洪要求，其中木材不能应用在坚硬的河床上。

（4）石材类驳岸适用范围较广（图 14-9），根据不同的生态工程技术适用不同坡度和流速的水体，例如抛石驳岸适用于坡度 1∶3～1∶5、流速 ≤ 2m/s 的缓流水体，

图 14-8　成都麓湖生态城 G1 艺展公园呈现多种生态驳岸形式的岸线
（图片来源：GVL 怡境国际设计集团）

图 14-9　加拿大防波堤公园
（图片来源：http://www.sojg.cn/mi/view/id/3015）

图 14-10　石笼驳岸鸟瞰图
（图片来源：GVL 怡境国际设计集团）

图 14-11　石笼驳岸剖面图
（图片来源：GVL 怡境国际设计集团）

砌块驳岸则适用于坡度较陡、流速较大、岸坡渗水较多的河道水体。

（5）石笼驳岸一般应用于立式驳岸，可单独出现或以植物驳岸、台阶式驳岸的坡脚形式出现，由于石笼抗冲刷力强，又是生物易于栖息的多空隙构造，所以常被用于坡度较陡或冲蚀较严重的河道、湿地、湖泊等水体，主要用于水浪较大的迎水区的填方路段的驳岸防护（图 14-10、图 14-11）。

（6）退台式驳岸适用于有防洪要求、高差大、滨水绿地范围较小的水体，且具有可达性的要求。

14.3　结构与做法

14.3.1　植物生态驳岸

对于岸线形态良好且坡度缓或腹地较大的河段，可以考虑保持自然状态，根据景观诉求对原有驳岸地形稍加处理，并配合植物种植，达到稳定河流驳岸的作用。这类生态驳岸一般按土壤的自然安息角（30°左右）进行放坡（图 14-12）。

当原有植物驳岸受到侵蚀需要人工干预时，尤其是河道的弯曲处，可采用石笼、圆木、抛石等加固的方式对驳岸坡脚进行加固，例如在局部地形较陡或该区域内水流冲刷较为严重时宜采用松木桩或仿木桩的驳岸加固方式进行处理，具体做法如下：

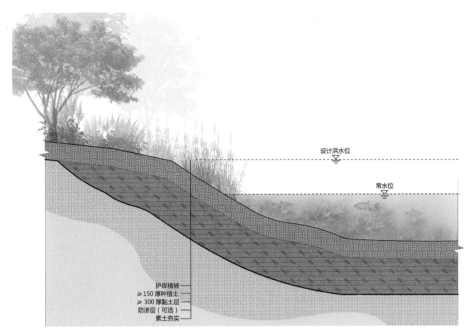

设计洪水位

常水位

护岸植被
≥150 厚种植土
≥300 厚黏土层
防渗层（可选）
素土夯实

图 14-12　植物缓坡驳岸剖面详图

　　木桩沿着侵蚀河岸的底部打入河床，一半以上的桩长应埋在河床以下，从而将河岸材料和植被固定到位；原木水平放置在支护桩后面用螺栓或电线固定在柱子上，原木与回填土之间应铺设可渗透的土工织物，该项技术可用于防止驳岸的塌陷；木墙不能建在坚硬的河床上（图 14-13、图 14-14）。

　　需要注意的是，在施工前，应先对木桩进行处理，按尺寸将木桩的一头切削成尖锥状，以便于打入河床的泥土中。或按驳岸标高和水面标高，计算出木桩的长度，再进行截料、削尖。木桩入土前，还应在入土的一端涂刷防腐剂，涂刷沥青、水柏油，或对整根木桩涂刷防火、防腐、防蛀的溶剂。

　　对于较为陡峭且不稳定的河岸，可以利用铺盖植被、土方工程或植被垫等技术来稳固陡峭河岸的表面，这类植物生态驳岸常见于大型的水体且高差大的驳岸，从而形成原生态郊野的景观效果。

　　（1）铺盖植被（Brushing）技术

　　铺盖植被技术包括切割的树木或树枝，可用于提供驳岸表面的保护。该技术最适用于控制由水体的冲刷作用引起的驳岸表面的侵蚀，但是并不稳定且不适用于高流速和较深的水体。

　　将树木和树枝水平分层叠在驳岸上，树枝的头部朝向下游，或者将树枝的头部朝水面倾斜，可以使用电线或电缆来固定较大的树木。较小的树枝可通过捆绑和铺盖以达到驳岸保护的目的。在放置材料之前，需要对护岸基底进行夯实（图 14-15）。

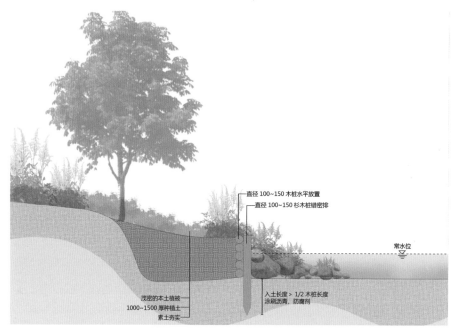

直径 100~150 木桩水平放置
直径 100~150 杉木桩错密排

常水位

茂密的本土植被
1000~1500 厚种植土
素土夯实

入土长度 > 1/2 木桩长度
涂刷沥青、防腐剂

图 14-13　植物人工驳岸剖面详图（利用木桩对驳岸进行加固的工程措施）

宜使用乡土植物的分枝进行铺盖。种子放入土壤或者扦插幼苗后，所铺盖的植被可在其幼苗萌发和早期生长期间提供保护。注意在获取铺盖材料时，河岸原有的植被不应因采伐树枝和树叶而永久受损或死亡。

铺盖植被技术是一种临时性的驳岸保护技术，该技术主要应用于河岸植被重建。当铺盖植被腐烂后形成稳定的沉积物可以为植物生长提供良好的环境。

图 14-14　木桩植物驳岸的景观效果
（图片来源：https://five-rivers.com/case_study/bank-protection-salisbury/）

该项技术稳定性略低于工程技术手段，但其成本较低，提供了多种额外的环境效益，可再生和创造河道内栖息地，提高生物的多样性。

（2）土方工程

当驳岸呈陡峭状态时，宜将不稳定的驳岸进行削坡处理，形成稳定的坡度，并为植被的种植和生长提供界面。可将河岸重塑为均匀坡度，驳岸的最大坡度宜为 1：4（垂直：水平），这有助于植物根部的生长稳定和牢固。

（3）植物垫技术

利用植物垫稳定植物驳岸的技术可以防止因地表水流和植被覆盖不足而造成的土

图 14-15 铺盖植被（Brushing）施工过程
（图片来源：https://lh3.googleusercontent.com/KfsnNM0zwpMRScVJepubGXOwjTItbpCo7xO3Jwm5sPyK043UHT4XZt-FUZXi463YjQ0IUg=s101）

壤流失。植物垫由天然纤维制成，如麦秸、黄麻或椰子纤维。加强垫与天然纤维或塑料编织网可以用来提供长期的保护。垫子和毯子卷有各种尺寸和厚度。

植物垫是可生物降解的，当它们分解时会向土壤中添加有机物质。植物垫降低了土壤温度的变化，减少了蒸发，改善了土壤的渗透性和水分含量，从而提高了植物的存活率。

铺垫前，需要将河岸夯成均匀的斜坡。表面平整，无大块岩石或树桩。需要放置表土和肥料，以备河岸播种。在铺垫之前，可以对河岸进行水力覆盖或播种。水力覆盖包括向河岸表面喷洒种子、肥料和覆盖物的混合物，并将土壤颗粒结合在一起。

14.3.2 抛石驳岸

抛石由一层本地岩石构成，将该层岩石放置在河岸上，以保护河岸免受侵蚀（图 14-16、图 14-17），抛石驳岸通常是将岩石铺砌到高水位以上。在某些情况下，仅使用坡脚的抛石加固来支撑河岸即可。在放置石材之前，驳岸基地需要先夯实。可以在石材下方的驳岸上放置滤布，以防止水流在抛石上方和后方土壤造成破坏、冲刷沉积物并破坏工程的稳定性。宜在驳岸底部开挖沟渠，并将抛石铺至河床以下。

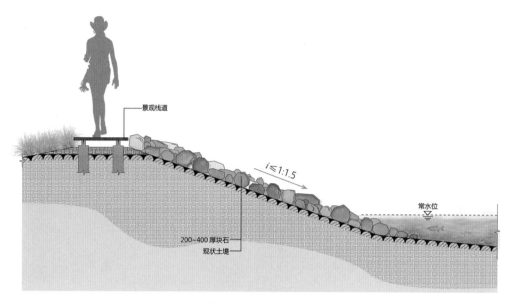

景观栈道

$i \leqslant 1:1.5$

常水位

200~400 厚块石

现状土堤

图 14-16　抛石驳岸剖面详图（坡度≤30%）

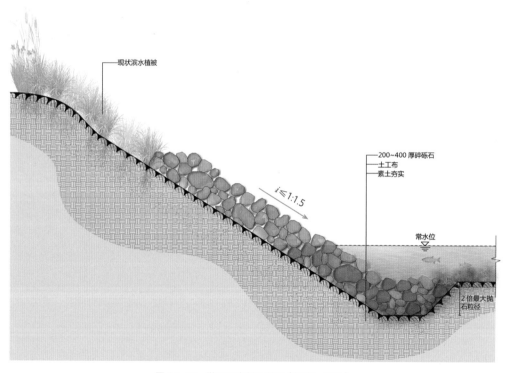

现状滨水植被

200~400 厚碎砾石

土工布

素土夯实

$i \leqslant 1:1.5$

常水位

2 倍最大抛石粒径

图 14-17　抛石驳岸剖面详图（坡度＞30%）

　　该技术适用于大多数类型的驳岸侵蚀。沿着抛石堆积的泥沙可能促成植被群落的建立并提供长期保护。抛石驳岸不宜建造在河床受到加深破坏的河岸，在进行抛石驳岸工程之前，应先确定河床高程并进行河床加固。

图 14-18　澳大利亚悉尼 Barangaroo Reserve 公园叠石驳岸
（图片来源：http://www.sohu.com/a/214725119_99921012，PWP 设计事务所作品）

抛石驳岸应采用级配良好的岩石建造。在选择合适的材料尺寸范围时，应考虑水流的冲刷作用，所需抛石的尺寸取决于驳岸的坡度、水流深度、抛石密度和形状、河床坡度以及现场渠道的宽度和曲率半径。在不稳定的区域，沿岸铺设抛石的区域宜在上游和下游延伸至少约等于河道宽度的长度。抛石层的厚度应至少为岩石平均直径的 2 倍或至少为岩石最大直径。

图 14-19　新加坡碧山宏茂桥公园的驳岸——将植物、天然材料（如岩石）和工程技术相结合，稳定河岸和防止水土流失，左侧陡坡为砌块驳岸，右侧缓坡为抛石驳岸
（图片来源：https://kuaibao.qq.com/s/20180407B084ON00?refer=spider）

除了抛石驳岸外，常见的还有叠石（图 14-18）、干砌块石（图 14-19）、开孔式混凝土砌块等设计施工形式，越是易遭受侵蚀和陡峭的驳岸，越需要复杂的施工技术，见表 14-1。

各类护岸材料的适用性和优缺点 表 14-1

护岸材料类型	适用条件	适用范围	优点	缺点
石笼	河道流速一般不大于 4m/s	挡墙、护坡	抗冲刷、透水性强、施工简便、生物易于栖息	水生植物恢复较慢
生态袋	河道流速一般不大于 2m/s	挡墙、护坡	地基处理要求低、施工和养护简单	部分产品耐久性相对较差、常水位以下绿化效果较差
生态混凝土块	河道流速一般不大于 3m/s	挡墙、护坡	抗冲刷、透水性较强	生物恢复较慢
开孔式混凝土砌块	河道流速一般不大于 4m/s，坡比在 1:2 及更缓时使用	挡墙	整体性、抗冲刷、透水性好、施工和养护简单	生物恢复较慢
连锁式混凝土砌块	河道流速一般不大于 3m/s	挡墙	整体性、抗冲刷、透水性好、施工和养护简单	生物恢复较慢
叠石	对坡比及流速一般没有特别要求，适用于冲蚀严重的河道	挡墙	施工简单、生物易于栖息	水生植物恢复较慢
干砌块石	对坡比及流速一般没有特别要求，可适用于高流速、坡道渗水较多的河道	护坡	抗冲刷、透水性强、施工简便	生物恢复较慢
网垫植被类	坡比在 1:2 及更缓时使用，河道流速一般不大于 2m/s	护坡	生态亲和性较佳，植物恢复较快	部分产品材料耐久性一般
植生土坡	坡比在 1:2.5 及更缓时使用，河道流速一般不大于 1.0m/s	护坡	生态亲和性较佳，植物恢复较快	不耐冲刷、不耐水位波动
抛石	坡比在 1:2.5 及更缓时使用	护坡	抗冲刷、透水性强、施工方便	在石缝中生长植物，植物覆盖度不高

（表格来源：上海市政工程设计研究总院（集团）有限公司 . 上海市海绵城市建设技术导则 [S]. 上海：上海市住房和城乡建设管理委员会，2016）

14.3.3 石笼驳岸

石笼驳岸比单纯的抛石施工速度要快，且造价低廉，石笼的空隙比传统结构条件下的空隙大得多，更接近于原生态河道，非常有利于空气和水体的自由交换，有利于水生动植物生长，还能满足水土保持、绿化环境的要求（图 14-20）。

石笼驳岸一般采用金属网箱为主体框架，框架内可填充各种自然块石（宜选择本地石材），并通过绑扎形成一种整体稳定性较强的驳岸形式。它们可用于沿侵蚀河岸底部修建挡土墙，也可用于河道整治。石笼将土壤固定在适当的位置，防止坍塌，将空石笼放置在河岸底部的适当位置，用石头填充并用铁丝封闭，石笼后面放置可渗透的土工织物后回填。驳岸应该重新构建植被群落，随着时间的推移，石笼内的沉积物和空隙为植被提供了生长空间（图 14-21）。

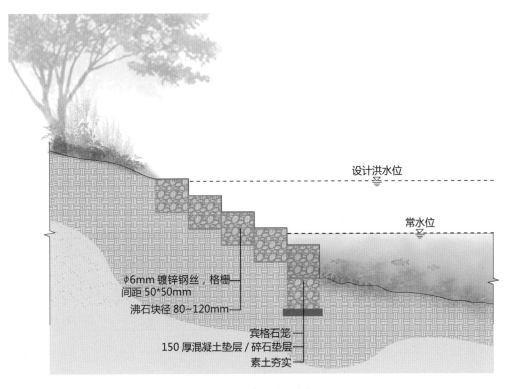

图 14-20　石笼驳岸剖面详图

图 14-21　新加坡碧山宏茂桥公园的石笼驳岸（闫邱杰 摄）

安装石笼前，表面应平整，无大块岩石或树桩，石笼是柔性的，能够承受河床中泥沙的移动和沉降。例如，在河流环境中，由于水流或波浪作用引起的泥沙运动，混凝土墙更容易发生断裂和破坏，石笼也具有渗透性，允许岸坡排水。该技术几乎不需要维护。

石笼有多种尺寸，通常长1~4m，宽0.5~1m。石笼网表面可以镀锌或涂塑以减少腐蚀，通常根据岸线水位不同、沿岸地形差异，石笼驳岸也可采用不同的结构形式加以应对（表14-2）。

岩石的尺寸应略大于网孔的尺寸（岩石尺寸为125~250mm），含有小于7%的较小材料，石笼可以安装在坚硬的河床上，不需要打桩。

由于石笼的空隙较大，易形成植物无法生长的干燥贫瘠环境，宜在石笼上部缝隙填充利于植物生长的土袋。

石笼的主要规格 表 14-2

石笼产品尺寸（m）			网格型号			
			8×10		6×8	
长	宽	高	镀锌或涂塑		镀锌或涂塑	
			网面钢丝直径	镀锌重量	网面钢丝直径	镀锌重量
2	1	1	2.7mm	>245/m²	2.0mm	>215/m²
3	1	1	边端钢丝直径	镀锌重量	边端钢丝直径	镀锌重量
4	1	1	3.4mm	>265/m²	2.7mm	>245/m²
6	1	1	绑丝规格 2.2mm		绑丝规格 2.0mm	

14.3.4 退台式驳岸

对于防洪要求高、高差大、滨水绿地范围较小的河段，可结合台阶或草坡设置退台式驳岸，不仅满足驳岸的功能需求，同时增加滨水空间的层次感。对于无亲水需求或空间较小的岸线，可根据现状地形、用地范围、空间和视线需求，设置3~8级挡墙形成台地，利用台地进行绿地种植，即台阶种植驳岸。对有亲水需求，且欲将城市活动引入河道的河段，可利用台地设置步道及硬质广场，形成丰富的滨水竖向空间体验，即台阶步道驳岸（图14-22）。

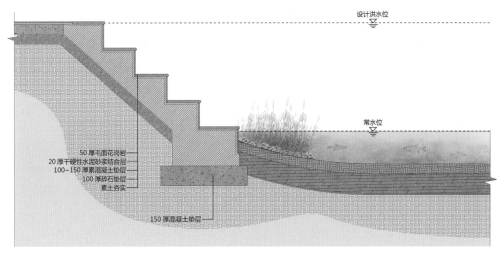

50 厚毛面花岗岩
20 厚干硬性水泥砂浆结合层
100~150 厚素混凝土垫层
100 厚碎石垫层
素土夯实

150 厚混凝土垫层

设计洪水位

常水位

图 14-22　退台式驳岸剖面详图

14.4　景观因素考量

在有条件的情况下，驳岸的岸线宜设计为蜿蜒的曲线形式（图 14-23），在腹地大且开敞的地段，可以沿岸设计木栈道或汀步道以提供休闲功能，开阔的空间设计提升了城市界面形象，可以辐射更多的市民，与水、自然产生更多的互动。

图 14-23　美国斯坦福德市磨坊河公园及生态绿色河道——部分河段采用生态草坡的形式，交界处通过种植水生植物来固堤保水

（图片来源：http://www.ideabooom.com/8182）

　　石笼驳岸是国外常用的一种护岸形式，低成本、低维护、生态效果显著、景观效果好的特点使其备受设计师的青睐，尤其将石笼作为景观元素置于滨水景观中，可产生非常多元化的景观效果，例如将其与抛石驳岸结合形成独特的岸线（图14-24），代替混凝土挡墙与直线型的河道结合形成可渗透的驳岸（图14-25），石笼可以设计成任意的形状（图14-26），也可将赋予独特含义的景观装置安装在石笼上面，形成视觉焦点（图14-27）。

　　对于沿海地区的驳岸设计，岸线较长，应设计多种驳岸交替结合的形式增加观赏的趣味性（图14-28），岩石砌筑的退台式驳岸也可以增加岸线的层次感，并提供亲水空间（图14-29）。

图 14-24　威拉米特河石笼驳岸
（图片来源：https://swabalsley.com/projects/south-waterfront-greenway/）

图 14-25　新加坡碧山宏茂桥公园可渗透的石笼驳岸
（阎邱杰 摄）

图 14-26　新加坡碧山宏茂桥公园多形态的石笼驳岸
（阎邱杰 摄）

图 14-27　新加坡裕廊生态花园（Jurong Eco-Garden）石笼驳岸（闫邱杰 摄）

图 14-28　加拿大防波堤公园更新在同一岸线融入三种不同的驳岸形式
（图片来源：http://www.sojg.cn/mi/view/id/3015）

图 14-29 澳大利亚悉尼 Barangaroo Reserve 公园的台阶驳岸
（图片来源：http://www.sohu.com/a/214725119_99921012，PWP 设计事务所作品）

生态驳岸与亲水设施结合有多种设计形式，具体如下。

（1）亲水栈桥：亲水栈桥一般为弧线、折形、方格网状等，在不破坏生态的情况下，将游人引至水面之上，以提供水面观景功能（图 14-30）。

（2）亲水平台：亲水平台是从岸边延伸到水面上的活动场所，其规模不大，形状多为半圆形、方形、船形、扇形等。在设计的过程中，亲水平台的栏杆设计应符合安

图 14-30 纽约猎人角南海滨公园亲水步道的设计增加人们接触自然的机会
（图片来源：https://swabalsley.com/projects/hunters-point-south-waterfront-park/）

全标准（图14-31）。

（3）停泊区：一般称为码头，具有交通运输的功能，但是由于现代交通的发展，有一些码头已经不再使用了，但是可以对其进行改造，使其成为亲水平台或是游艇码头，亦或是作为人们垂钓、观赏水景的场所（图14-32）。

（4）亲水踏步：亲水踏步是延伸到水面的阶梯式踏步，宽度为0.3~1.2m，长度可以根据功能和河道规模而定，也可作为人们垂钓、嬉水的场所。

（5）亲水草坪：亲水草坪是延伸到岸边缓坡草坪软质块面的亲水景观，岸线护底可以选用一些石头，既可以达到稳固岸线的效果，又可以为人们提供散步、垂钓和嬉水的场所（图14-33）。

（6）亲水驳岸：亲水驳岸是低临水面的一种非直线的硬质亲水景观，用卵石、方整石进行不规则的布置，尽可能地还原自然状态，以达到与周边环境的和谐（图14-34）。

已建硬质驳岸的海绵改造应不影响河道行洪排涝、航运和引排水等基本功能，并确保护岸的稳定安全；可在硬质护岸邻水侧河底设置定植设施并培土抬高或者投放种植槽等，局部构建适宜水生植物生长的生境，种植挺水、浮叶或沉水植物；挡墙顶部有绿化空间的，可在绿化空间内种植攀援植物或具有垂悬效果的藤状灌木等植被；挡墙顶部无绿化空间的，可在挡墙外沿墙面设置种植槽，槽内种植攀援植物或藤状灌木等植被（图14-35~图14-37）。

图14-31 奥斯陆Grorud公园亲水平台的景观效果

（图片来源：https://www.visitoslo.com/fr/produit/?tlp=4716103&name=Grorudparken）

图 14-32 梅赫伦内河游船码头广场延续原场地的形式
设计成亲水平台
（图片来源：https://dbpubliekeruimte.info/project/
zandpoortvest/）

图 14-33 延伸至水中的草坪驳岸
（图片来源：https://kknews.cc/zh-sg/design/4nxyqa3.html）

图 14-34 抛石驳岸与植被驳岸结合打造的亲水空间
（图片来源：https://wemp.app/posts/2ca973ee-fca6-49f6-ab79-f3deb94ed078）

图 14-35 深圳福田河垂直驳岸覆绿改造（阎邱杰 摄）

图 14-36 利用垂直驳岸的高差设置观景眺望台
（图片来源：http://lepamphlet.com/page/116/）

图 14-37　西根城市中心公园局部河道采用抛石和植物种植技术改善原有的垂直驳岸生境
（图片来源：https://www.oekoroutine.de/2018/04/15/unsere-stadt-soll-sch%C3%B6ner-werden/）

14.5 植物筛选与配置

生态驳岸的设计也要与滨水植物设计相结合，才能真正地体现其生态驳岸的特性。在遵循以乡土植物为主的基础上，适当选择部分陆生临水植物，耐水湿兼具观赏性，逗留的空间观赏性强，其他则强调生态性，如选择水葱、鸢尾、菖蒲、芦竹、芦苇、千屈菜等湿生植物（图 14-38）。具体原则如下。

（1）水生植物的选择要根据河道景观的定位和生态特征。在配置的过程中，不仅要考虑土壤和水流速度，还要考虑选择的植物是否会对周边的生物造成影响。其次，要考虑游人观景的效果，基本要求是不会造成游人观景的阻碍，特别注意的是河岸种植密度不宜过大。

（2）坡岸植物的选择要求是耐水湿、扎根能力强，多选用乔灌木植物，种植方式尽可能地自然。为了完善景观，植物之间要搭配适当，不能过于突兀或是不搭，也不要选择单一的植物种类，不然会造成部分季节没有景观性，地被要选择耐水湿、固土能力强的品种。

（3）堤岸植物的选择要以设计功能为主，比如传统的硬质河道驳岸多采用垂直绿化，在控制种植密度的同时还要考虑到景观性。

（4）河道周边的绿化要做到层次化和空间化，种植密度不宜过大，树木种类要较为丰富些，不同的流域要有不同的景观。通常会以高大的乔木作为背景，将亚乔木、灌木、草花及地被作为组团。水生植物和湿地植物要注重色彩的搭配，要体现出水体的美感。

生态驳岸不同区域的植物品种选择见表 14-3。

生态驳岸植物种类 表 14-3

特征群落植物类型	水深	群落形态	主要植物种类
缓坡的自然式生态驳岸：湿生林带、灌丛，缓坡自然生缀花草地，喜湿耐旱禾草莎草高草群落	常水位以上	植物喜湿，亦耐干旱，土壤常处于水饱和状态	柳树、旱柳、柽柳、杞柳、银芽柳、灯芯草、水葱、芦苇、芦竹、银芦、香蒲、草芙蓉、稗草、马兰、香根草、伞草、水芹菜、美人蕉、千屈菜、红蓼、狗牙根、假俭草、紫花苜蓿、紫花地丁、菖蒲、燕子花、婆婆纳、大戟、蒲公英、二月兰
浅水沼泽挺水禾草莎草高草群落	0.3m以下	密集的高1.5m以上以线形叶为主的禾本科莎草科灯芯草科湿生高草丛	芦苇、芦竹、银芦、香蒲、菖蒲、水葱、野茭白、蔺草、水稻、苔草、水生美人蕉、萍蓬草、莼菜、三白草、水生鸢尾类、水竹、千屈菜、红蓼、水蓼、两栖蓼、水木贼
浅水区挺水及浮叶和沉水植物群落	0.3～0.9m	以叶形宽大、高出水面1m以下的睡莲科、泽泻科、天南星科的挺水、浮叶植物为主	荷花、睡莲、萍蓬草、荇菜、慈姑、泽泻、水芋、黄花水龙、芡实、金鱼藻、狐尾藻、黑藻、苦草、眼子菜、菹草、金鱼藻
深水区沉水植物和漂浮植物群落	0.9～2.5m	水面不稳定的群落分布和水下不显形的沉水植物	金鱼藻、狐尾藻、黑藻、苦草、眼子菜、菹草、浮萍、槐叶萍、大漂、雨久花、凤眼莲、满江红

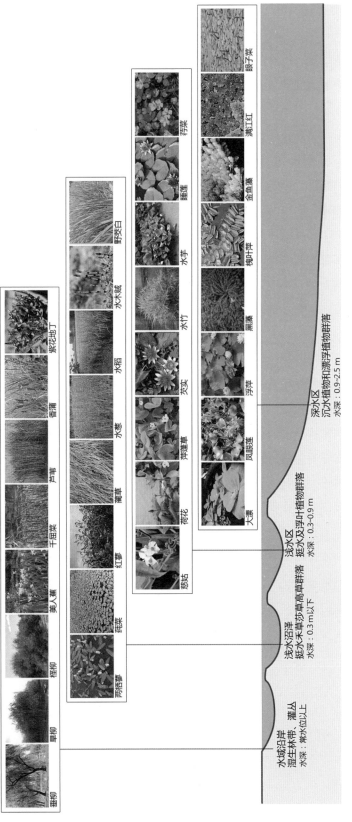

图14-38 生态驳岸植物种类选择剖面图

14.6　运营与维护

应定期对护岸进行巡查，重点关注护岸的稳定和安全情况，发现问题应及时汇报和处理，并尽快解决问题，避免产生严重后果。

加强对护岸范围内植物的维护和管理，定期对相关植物进行补植，确保植物覆盖率达到设计要求，特别关注使用年限与植物覆盖率息息相关的生态材料建成的生态护岸，如生态袋、植被网垫、开孔混凝土砌块和植生土坡等。

防止河道退化可以通过制定和实施流域整体管理战略来实现。制定这些战略，需要将影响土地利用、防洪和排水的地方政府规划过程包括在内。集水区管理可包括使用蓄水池储存洪水和控制下游流量。还需要社区教育和促进可持续的土地利用，以支持恢复和确保水道的长期保护。

在集水区的长期改革生效之前，河道改造工程用于帮助管理和控制植被清理的效果。建立侵蚀控制技术示范点，将有助于提高社区意识，促进河流管理和修复技术的采用。

当河流调整到工程创建的新纵断面和河道几何结构时，应监测恢复点。对现场进行监控非常重要，以便审查设计并规划现场的进一步开发。由于上游继续存在不稳定因素，河道可能继续侵蚀。如果发生重大损害，应拨出资金改进和加强工程。由于软工程不涉及固定结构，因此预计会有一些沉降和移动。例如，为了修复岩石移动和保护河岸，可能需要对裂口进行重塑或根据需要放置额外的岩石。

场地的持续维护将包括每年冬季前选择性清除河道障碍物，重新安置河道中的一些植被和原木以保持导水性并尽量减少局部侵蚀。

适当隔离牲畜以及增加植被覆盖面将提高场地的栖息地价值，并提供长期的河道稳定性。如果河道没有达到稳定的河道线形和足够的宽度来输送集水区径流，则不建议进行河道内植被重建工程。在河道仍不稳定的情况下，植被恢复需要集中在加强和稳定上游岸坡和边缘。河道的稳定应通过植被根系对驳岸的稳固作用和施工中对河床结构的控制逐步实现。

15 渗透池

图 15-1　深圳园山风景区生态花园渗透池（阎邱杰 摄）

15.1　设施概述

15.1.1　定义

渗透池是由高渗透性的土壤建造的供雨水暂时储存和净化的雨水设施。

15.1.2　功能

渗透池是具有高渗透性的海绵设施，具有提供地下水补给、减少汇水分区范围内雨水泛洪、保持现场的自然水文平衡等多重功能，相较于植草沟、雨水花园，适用于更大的场地。

渗透池可以有效地清除目标雨水径流中的污染物，减少因土地开发引起的峰值流量和总径流量的增加，为雨水径流提供临时储存区。污染物的清除是通过土壤和土壤内部的生物化学反应来实现的，总体悬浮物（TSS）的清除率可达80%，总氮去除率可达50%～60%，总磷去除率可达60%～70%，重金属的去除率可达85%～90%，病原体去除率可达90%，具体详见表15-1。

渗透池的雨水管理能力评估 表 15-1

标准	说明
峰值流量	消减峰值流量
供给	地下水补给
TSS 去除	经过预处理，TSS 去除率达 80%
• TSS	80%（经过预处理）
• 总氮	50%～60%
• 总磷	60%～70%
• 金属（铜、铅、锌、镉）	85%～90%
• 病原体（大肠菌、大肠杆菌）	90%
高污染物负荷	在渗透前使用经预处理设施去除了 44% 的 TSS 可以使用。对于某些潜在污染物负荷较高的土地用途，在排入渗透池之前，请先使用油砂分离器、砂滤器或类似设备进行预处理
在关键区域附近排放	强烈建议，特别是冷水渔业附近雨污水的排放。在排放至渗透池前，需要对水体进行预处理，并达到至少 44% 的 TSS 去除率

（表格来源：译自 "Massachusetts Department of Environmental Protection. Massachusetts Stormwater Handbook.［Z］. 1997"）

15.2　选址与布局

渗透池的平面布局应包含预处理设施和溢流设施，其典型的平面布置形式见图 15-2，渗透池一般适用于大型的公园绿地或市政绿地中，由于其具有处理较大范围雨水的能力，因此对建设面积具有一定的要求，例如西咸新区沣河生态旅游公园的两处运动场之间设置有渗透池以消化场地内产生的雨水径流（图 15-3、图 15-4）。

具体的选址与布局的原则如下。

（1）渗透池只有在土壤具有相应的渗透率时才可应用，因此不适用于高污染或沉积物堆积严重并且会对地下水产生污染的区域，如：

① 可能发生有毒物质泄漏的工业场所或地点；

② 垃圾填埋场；

③ 地下水位高或土壤入渗率过高的地点，污染物会影响地下水水质；

④ 上游有不稳定土壤或施工活动的工地；

⑤ 陡峭的斜坡。

（2）渗透池的选址和建造应注意不能夯实土壤，此外，渗透池直到其所建造的流域面施工和养护完毕后方可运行，在此之前上游的来水必须绕过渗透池。

（3）渗透池的基底应平整，且土壤应具有足够的渗透性。

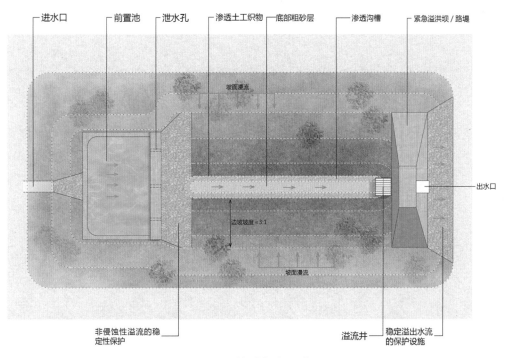

图 15-2　渗透池典型平面详图

图 15-3　西咸新区沣河生态旅游公园渗透池
（图片来源：GVL 怡境国际设计集团）

图 15-4　西咸新区沣河生态旅游公园渗透池剖面图
（图片来源：GVL 怡境国际设计集团）

（4）渗透池底部距离季节性最高地下水位或岩石层宜≥1m。

（5）渗透池与建筑物基础的水平距离宜≥3m。

（6）渗透池与坡度大于15%的斜坡的水平距离宜≥15m。

（7）设施距离井、地下水箱的水平距离宜≥30m。

（8）树冠滴水线宜退后至设施范围之外。

15.3 结构与做法

渗透池服务的区域排水面积宜在1～20hm² 之间，并具有一定空间条件，例如城市绿地及住宅小区。

渗透池边坡坡比（垂直：水平）一般不大于1:3，池底至溢流水位一般不小于600mm。

渗透池底部构造一般为200～300mm 的种植土、透水土工布及300～500mm 的过滤介质层（图15-5）。

渗透池排空时间不宜大于24h，超过24h 可能导致水体厌氧菌繁殖、气味差、水质差和蚊虫繁殖问题。

渗透池前应设置沉砂池、前置塘、消能池等预处理设施，去除大颗粒的污染物并减缓流速（图15-6）。

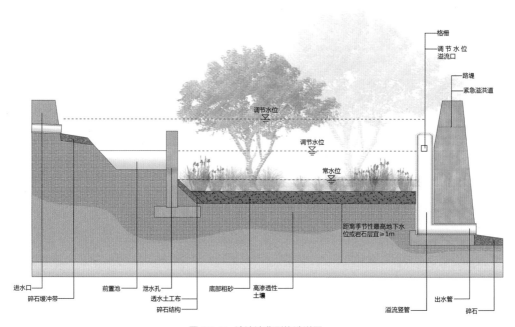

图 15-5 渗滤池典型构造详图

渗透池应设置溢流设施，并与城市雨水管渠系统和超标雨水径流排放系统衔接，渗透池外围应设安全防护措施和警示牌。

为了保护渗透池免受侵蚀，设施两侧和底部种植的植物宜选择本地或低维护草本植物。

渗透池底部应尽可能地平整，以便使径流入渗并均匀地分布在底土上（图 15-7）。

图 15-6　预处理设施——前置消能池细节
（图片来源：http://www.weedingwildsuburbia.com/page/6/）

渗透池周围应保持 6m 宽的植被缓冲带，以过滤地表径流（图 15-8）。

渗透池内积水深度不宜太深，以免影响土壤表面的压实，应根据具体的土壤特性进行考虑，一般最大积水深度宜为 600mm。

渗透池应设计泄洪道用于输送大于设计能力的雨水径流，泄洪道口应位于设计积水深度以上。

为确保设计渗透率，宜在渗透池的底部放一层 150mm 碎砾石或砂石，其作用是有效拦截淤泥、沉淀物和碎屑等可能阻塞渗透池底部的物质（图 15-9）。

渗透池的设施规模应按照以下方法进行计算。

（1）有效调蓄容积计算

$$V_s = V - V_p$$

图 15-7　渗透池底部尽量平整——有助于增加与雨水的接触面积，加快下渗速度
（图片来源：https://www.dlhowell.com/blog/a-quick-abrupt-lesson-in-civil-environmental-engineering/）

图 15-8　渗透池周围的植被缓冲带过滤地表径流
（图片来源：https://www.ci.tumwater.wa.us/departments/water-resources-sustainability/water-resources/stormwater/stormwater-programs/private-system-maintenance）

图 15-9　施工过程中在渗透池底部铺设的碎砾石——碎石层部位与溢流设施相连
（图片来源：https://www.elagoradiario.com/blogs/imitar-a-la-naturaleza-para-evitar-inundaciones-en-las-ciudades/）

其中，V_s——渗透池的有效调蓄容积，包括设施顶部和结构内部蓄水空间的容积，m^3；

$\quad\quad V$——渗透池进水量，m^3；

$\quad\quad V_p$——渗透量，m^3。

（2）渗透池渗透量计算

$$W_p=KJA_st_s$$

其中，W_p——渗透量，m^3；

$\quad\quad K$——土壤渗透系数，m/s；

$\quad\quad J$——水力坡降系数，一般可取 $J=1$；

$\quad\quad A_s$——有效渗透面积，m^2；

$\quad\quad t_s$——渗透时间，s，指降雨过程中设施的渗透历时，一般可取 2h。

渗透池的有效渗透面积 A_s，应按下列要求确定：

① 水平渗透面按投影面积计算；

② 竖直渗透面按有效水位高度的 1/2 计算；

③ 斜渗透面按有效水位高度的 1/2 所对应的斜面实际面积计算；

④ 地下渗透设施的顶面积不计。

15.4　景观因素考量

渗透池的设计应与周边的道路及所在区域景观风格统一。在市政空间中，应注意利用行道树在设施周边进行遮挡。为了提升设施整体的观赏性，可以在原有标准结构的基础上进行一些变形和修改，例如将底部碎石区域曲线化，干净利落地处理草坪与

图 15-10　渗透池底部碎砾石区的曲线设计细节 1
（图片来源：https://www.flickr.com/photos/denverjeffrey/
4949550977）

图 15-11　渗透池底部碎砾石区的曲线设计细节 2
（图片来源：MANCINI M, MIKHAILOVA O, HIME
W, et al.Aesthetically Enhanced Detention and Water
Quality Ponds［Z］.2010）

碎石的衔接处等（图 15-10、图 15-11）。

　　渗透池的预处理区及溢洪口设计宜根据场地情况进行景观优化，避免将前置池和溢流井直接以工程化形式置于场地中。当场地没有条件做前置池时，可适当延长进水口的预处理碎石区，缓解雨水流速，净化水质（图 15-12）。

　　进水口与渗透池的衔接应注意景观优化和隐藏式处理，例如将进水口设置在拦水坝、景墙、绿地或者碎砾石中，与周边环境进行融合（图 15-13）。

　　渗透池四周的绿地应注意坡度的起伏变化和微地形的设计，给予视觉上的舒适度，避免出现直线型的坡脚和生硬的线条（图 15-14）。

　　渗透池还可以与开放式的景观平台结合设计，满足其功能性的同时，与使用者形成互动的关系，不影响雨水渗透的前提下，可增加汀步、栈桥等景观元素，形成视觉焦点（图 15-15、图 15-16）。

　　有条件时，宜利用旱溪、植草沟等传输型海绵设施与渗透池相连，可以替代传统的预处理设施和溢洪口，串联整个项目场地的海绵设施，达到更加有效的雨洪管理效果以及景观效果（图 15-17）。

　　渗透池内还可选择增加不同尺寸的本地石材进行有序的摆放设计，搭配本土地被植物种植，可以形成良好的景观效果，石材的直径选择介于 100～500mm 为最佳（图 15-18）。

　　当渗透池内的植物选择草坪覆盖时，宜在局部地区搭配乔木和彩色灌木进行点缀；当选择芒草、狐尾天门冬等株高较高的地被时，宜选择 3～4 种多年生草本植物进行搭配，形成野趣的生态效果（图 15-19）。

图 15-12　预处理区及溢洪口设计优化细节

（图片来源：MANCINI M, MIKHAILOVA O, HIME W, et al. Aesthetically Enhanced Detention and Water Quality Ponds ［Z］.2010）

图 15-13　进水口细节展示

（图片来源：MANCINI M, MIKHAILOVA O, HIME W, et al. Aesthetically Enhanced Detention and Water Quality Ponds ［Z］.2010）

图 15-14 圆滑的地形设计带来视觉上的舒适

（图片来源：https://lh3.googleusercontent.com/wu45YAXWyFAOl45cI5Pr0cNhFofTVEwoCYqAK7ene0ZiRxJPXb5nFx3A9
TMjMQFFkBzA0Q=s116）

图 15-15 澳大利亚哈赛特公园渗透池与开放性休憩平台结合的景观效果

（图片来源：http://www.jila.net.au/public-domain/campbell-section-5-2/）

图 15-16 澳大利亚哈赛特公园白色花岗岩汀步的细节表现

（图片来源：http://www.jila.net.au/public-domain/campbell-section-5-2/）

图 15-17　芝加哥洛约拉大学湖岸小区
（图片来源：https://www.landscapeperformance.org/case-study-briefs/loyola-university）

图 15-18　法国马丁・路德・金纪念公园渗透池景观效果
（图片来源：https://www.usgs.gov/media/images/infiltration-basin-airport-road-middleton-wis）

图 15-19　西福克溪渗透池——该处渗透池的面积约为3200m²，深度为600～900mm，渗透池通过四周的街道入口收集雨水，使用特殊的植物和土壤来吸收、清洗和储存雨水
（图片来源：http://www.projectgroundwork.org/projects/lowermillcreek/sustainable/westfork/alternative/West_Fork_Creek_Rain_Garden.html）

15.5 植物筛选与配置

渗滤池既是一种有效的雨水收集和净化系统，也是装点区域环境的景观系统，因此植物的选择既要具有去污性又要兼顾观赏性（图 15-20）。植物的选择应符合以下原则。

（1）优先选用本土植物，适当搭配外来物种。本土植物对当地的气候条件、土壤条件和周边环境有很好的适应能力，能发挥很好的去污能力，并使渗透池设施呈现具有本土特色的景观效果，提高花园中物种的多样性，避免物种入侵。

（2）选用根系发达、茎叶繁茂、净化能力强的植物。雨水中污染物质的降解和去

| 悬铃木 | 丝棉木 | 构树 | 三角枫 | 垂柳 |

| 大叶黄杨 | 木槿 | 夹竹桃 | 火棘 | 木芙蓉 |

| 一叶兰 | 美人蕉 | 美国薄荷 | 鸭拓草 | 金鸡菊 |

图 15-20　渗透池不同区域的植物选择

除机制主要有三个方面：一是通过光合作用，吸收利用氮、磷等物质；二是通过根系将氧气传输到基质中，在根系周边形成有氧区和缺氧区穿插存在的微处理单元，使得好氧、缺氧和厌氧微生物均各得其所，发挥相辅相成的降解作用；三是植物根系对污染物质，特别是重金属的拦截和吸附作用。因此根系发达、生长快速、茎叶肥大的植物能更好地发挥上述功能，是雨水净化植物的重要选择。

（3）选用既耐涝又有一定抗旱能力的植物。由于渗透池中的雨水存蓄量与降雨息息相关，存在满水期与枯水期交替出现的现象，因此种植的植物既要适应水生环境，又要有一定的抗旱能力。作为一个要经常处理污染物的人工系统，渗透池容易滋生病虫害，所选的植物也要具有较高的抗逆性，能抗污染、抗病虫害、抗冻、抗热等。

（4）选择相互搭配种植的植物，提高去污性和观赏性。研究表明，不同植物的合理搭配可提高对水体的净化能力：① 可将根系泌氧性强与泌氧性弱的植物混合栽种，构成复合式植物床，创造出有氧微区和缺氧微区共同存在的环境，从而有利于总氮的降解；② 可将常绿草本与落叶草本混合种植，提高花园在冬季的净水能力；③ 可将草本植物与木本植物搭配种植，提高植物群落的结构层次性和观赏性。

具体推荐的植物品种及生态习性见表 15-2。

可供渗滤池使用的植物种类及生态习性　　　　　　　　　　表 15-2

乔木	拉丁名	科属	备注
悬铃木	*Platanus acerifolia*	悬铃木科悬铃木属	喜光，喜湿润温暖气候，耐寒
丝棉木	*Euonymus maackii*	卫矛科卫矛属	喜光，稍耐阴；耐寒，对土壤要求不严，耐干旱，也耐水湿，以肥沃、湿润而排水良好之土壤生长最好；根系深而发达，能抗风
构树	*Broussonetia papyrifera* (Linn.) L'Hér. ex Vent.	桑科构属	喜光，适应性强，耐干旱瘠薄，也能生于水边，多生于石灰岩山地，也能在酸性土及中性土上生长；耐烟尘，抗大气污染力强
三角枫	*Acer buergerianum* Miq.	槭树科槭属	弱阳性树种，稍耐阴；喜温暖、湿润环境及中性至酸性土壤；耐寒，较耐水湿，萌芽力强，耐修剪；根系发达，根蘖性强
垂柳	*Salix babylonica*	杨柳科柳属	喜光，喜温暖湿润气候及潮湿深厚之酸性及中性土壤；较耐寒，耐水湿，但亦能生于土层深厚且干燥地区；萌芽力强，根系发达，生长迅速，对有毒气体有一定的抗性，并能吸收二氧化硫
灌木	拉丁名	科属	备注
大叶黄杨	*Buxus megistophylla* Levl.	黄杨科黄杨属	喜光，稍耐阴，有一定耐寒力，对土壤要求不严，在微酸、微碱土壤中均能生长，在肥沃和排水良好的土壤中生长迅速

续表

灌木	拉丁名	科属	备注
金边黄杨	*Euonymus japonicus* 'Aureo–marginatus'	卫矛科 卫矛属	喜光，稍耐阴，适应性强，耐旱、耐寒冷，萌芽力和发枝力强，耐修剪，耐瘠薄，适宜在肥沃、湿润的微酸性土壤中生长
木槿	*Hibiscus syriacus* Linn.	锦葵科 木槿属	适应性很强，较耐干燥和贫瘠，对土壤要求不严格，尤喜光和温暖潮润的气候；稍耐阴、喜温暖、湿润气候，耐修剪、耐热又耐寒，但在北方地区栽培应保护越冬；好水湿而又耐旱，对土壤要求不严，在重黏土中也能生长
夹竹桃	*Nerium oleander* L.	夹竹桃科 夹竹桃属	喜温暖湿润的气候，耐寒力不强，在中国长江流域以南地区可以露地栽植，白花品种比红花品种耐寒力稍强；不耐水湿，要求选择干燥和排水良好的地方栽植，喜光好肥，庇荫处栽植花少色淡；萌蘖力强，树体受害后容易恢复
火棘	*Pyracantha fortuneana* (Maxim.) Li	蔷薇科 火棘属	喜强光，耐贫瘠，抗干旱，耐寒；黄河以南露地种植，土壤要求不严，而以排水良好、湿润、疏松的中性或微酸性土壤为好
木芙蓉	*Hibiscus mutabilis* Linn	锦葵科 木槿属	喜温暖、湿润环境，不耐寒，忌干旱，耐水湿；对土壤要求不高，瘠薄土地亦可生长
蚊母	*Distylium racemosum* Sieb. et Zucc.	金缕梅科 蚊母树属	阳性，喜暖热气候、喜湿润，抗有毒气体，较耐寒、亦耐阴，对土壤要求不严

草本	拉丁名	科属	备注
一叶兰	*Aspidistra elatior* Blume.	百合科 蜘蛛抱蛋属	性喜温暖湿润、半阴环境，较耐寒、极耐阴
美人蕉	*Canna indica* L.	美人蕉科 美人蕉属	喜温暖湿润气候，不耐寒，怕强风和霜冻；无休眠性，周年生长开花；性强健，适应性强，几乎不择土壤，以湿润肥沃的疏松沙壤土为好，稍耐水湿，畏强风
美国薄荷	*Monarda didyma* L.	唇形科 美国薄荷属	性喜凉爽、湿润、向阳的环境，亦耐半阴；适应性强，不择土壤，耐寒，忌过于干燥。在湿润、半阴的灌丛及林地中生长最为旺盛
鸭拓草	*Commelina communis* L.	鸭拓草科 鸭拓草属	性喜温暖湿润，稍耐寒，好阳光
金鸡菊	*Coreopsis basalis*	菊科 金鸡菊属	耐寒耐旱，对土壤要求不严，喜光，但耐半阴，适应性强，对二氧化硫有较强的抗性；在地势向阳，排水良好的砂质壤土中生长较好，在肥沃而湿润的土壤中枝叶茂盛，开花反而减少；忌暑热，喜光，耐干旱瘠薄，栽培管理粗放
文殊兰	*Crinum asiaticum* L. var. *sinicum* (Roxb. ex Herb.) Baker	石蒜科 文殊兰属	喜温暖、湿润、光照充足、肥沃砂质土壤环境，不耐寒，耐盐碱土，但在幼苗期忌强直射光照

续表

草本	拉丁名	科属	备注
萱草	*Hemerocallis fulva* (L.) L.	百合科 萱草属	性强健，耐寒，华北可露地越冬，适应性强，喜湿润也耐旱，喜阳光又耐半阴；对土壤选择性不强，但以富含腐殖质，排水良好的湿润土壤为宜
铜钱草	*Hydrocotyle chinensis* (Dunn) Craib	伞形科 天胡荽属	性喜温暖潮湿，栽培处以半日照或遮阴处为佳，忌阳光直射，栽培土不拘，以松软排水良好的栽培土为佳，或用水直接栽培；耐阴、耐湿，稍耐旱，适应性强，生性强健，种植容易，繁殖迅速，水陆两栖皆可
婆婆纳	*Veronica didyma* Tenore	玄参科 婆婆纳属	喜光，耐半阴，忌冬季湿涝；对水肥条件要求不高，但喜肥沃、湿润、深厚的土壤
麦冬	*Ophiopogon japonicus* (Linn. f.) Ker-Gawl.	百合科 沿阶草属	喜温暖湿润，降雨充沛的气候条件，5～30 ℃能正常生长，对土壤条件有特殊要求，宜种植于土质疏松、肥沃湿润、排水良好的微碱性砂质壤土

15.6 运营与维护

渗透池一般由蓄水层、覆盖层及渗透层组成，上部植草或种植灌木等，部分设置有溢流口与雨水管渠连接，用于广场周边绿地、建筑雨水立管断接排放区及间隙绿地等区域。

渗透池内的植物应根据植被品种定期修剪和挖除，修剪高度保持在设计范围内，修剪的枝叶应及时清理，不得堆积。

定期巡检评估植物是否存在疾病感染、长势不良等情况，当植被出现缺株时，应定期补种；在植物长势不良处重新播种，如有需要，更换更适宜环境的植物品种。

定期检查设施缓冲区域表面是否有冲蚀、土壤板结、沉积物等。

渗透池内杂草宜手动清除，不宜使用除草剂和杀虫剂，特别是在生长期，应限制使用。

进水口、溢流口因冲刷造成水土流失时，应设置碎石缓冲或采取其他防冲刷措施。

进水口、溢流口堵塞或淤积导致过水不畅时，应及时清理垃圾与沉积物。

每年补充覆盖层，保证设计要求的层厚。

当调蓄空间雨水的排空时间超过 72h 时，应及时置换覆盖层或表层种植土。

渗透池的巡查频次及维护频率周期见表 15-3。

渗透池巡查频次及维护频率周期表 表 15-3

维护事项 \ 周期	日常	季度	半年	一年	维护类型	备注
下渗表面淤积巡检	√				日常巡查	—
植物疾病感染，长势不良情况巡检	√				日常巡查	根据植物特性及设计要求
进、出水口堵塞情况巡检	√				日常巡查	暴雨前、后
孔洞和冲刷侵蚀情况巡检	√				日常巡查	暴雨后
沉积物、垃圾、杂物清除	√				简易维护	日常清扫保洁
长势不良植物替换				√	简易维护	按需
覆盖层补充				√	简易维护	根据设计要求
局部置换覆盖层及表层种植土					局部功能性维护	按需
整体置换覆盖层及表层种植土					整体功能性维护	按需

16 生态浮床

图 16-1　广东清远飞来峡海绵公园的生态浮床
（图片来源：GVL 怡境国际设计集团）

16.1　设施概述

16.1.1　概念

生态浮床又称人工生物浮床、生物浮岛等，是指采用无土栽培技术原理，在水体中人工营造一些动植物栖息的区域，并可吸收降解水中污染物质，改善水体生态环境和景观效果的一项生态友好、外形美观的工程性设施，往往与湿塘或人工湿地等雨水净化海绵设施进行协同设计（图 16-2）。

图 16-2　生态浮床的效果及结构概念图
（图片来源：https://www.biomatrixwater.com/floating-ecosystems/）

16.1.2　功能与优缺点

生态浮床通过植物吸收和微生物降解有效去除水体污染，抑制浮游藻类的生长（图 16-3、图 16-4）。

在现代景观语境下，生态浮床不仅要考虑净水效果，而且其外观需要美化，同时在适当条件下应结合城市文化特色，满足游人观赏和休闲的功能，实现生态文明科普教育的功能。

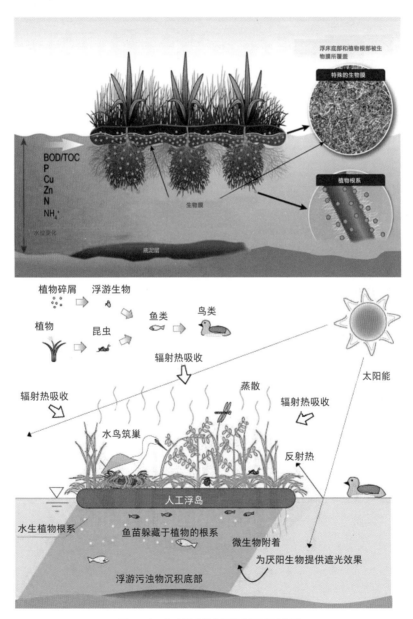

图 16-3　生态浮床的作用机制原理示意图
（图片来源：上图译自 http://www.gwlc.org/donate-now；下图改绘自 https://jbh.17qq.com/article/fijipjijz.html）

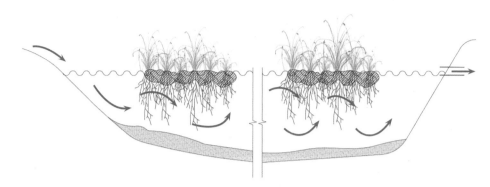

图 16-4　典型生态浮床的纵断面示意图

生态浮床可以被广泛应用于湿地公园、城市滨水景观及河道治理系统中。

（1）优点

① 净化水质，降解水中的化学需氧量（COD）、氮、磷等；

② 改善景观，恢复生态，绿化环境；

③ 创造生物（鱼类 / 鸟类）的栖息环境；

④ 在流动水体中具有消波护堤效果，对岸线构成保护作用。

（2）缺点

① 国内产品较不成熟，植物覆盖率低，初期只见浮体不见植物，景观效果差；

② 生态浮床净化雨水的效果仍有限；

③ 浮床抗风浪、耐寒性能差，寿命短（一般在 3～5 年），且容易造成二次污染；

④ 后期维修养护较不方便，且所需人工及费用较高。

16.2　选址与布局

人工生态浮床系统可以减少各类点源及非点源污染，多应用于雨水管理、废水处理、公共景观水路（湖、河、水库）等（图 16-5）。具体的选址有以下几个应用场景：

① 水库，利用浮岛增加水库和大型水体的生态和景观价值，提高水质；

② 漂浮都市农场，且可开展生态文明教育活动；

③ 应用在湖泊、河流的生态修复、生态整治工程中；

④ 协同人工湿地进行设计，提升湿地净化能力和景观效果；

⑤ 浮河步道，漂浮河道发挥了水道的潜力，并最大限度地改善了其空间舒适性；

⑥ 生活码头，为周边带来新的公共生活和绿色空间；

⑦ 运用生态浮床处理城市废水和雨水；

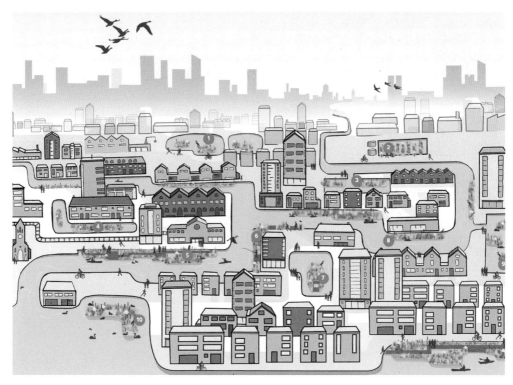

图 16-5　生态浮床的选址示意图

（图片来源：https://www.biomatrixwater.com/living-water-cities/）

⑧ 河岸边，生态浮床通过创建柔和的绿色边缘来柔和混凝土的河岸硬质边界；

⑨ 城市池塘，通过最大限度地发挥城市池塘的潜力，为人们和野生动植物创造有吸引力的绿色空间；

⑩ 鸟类鱼类的栖息场所。

生态浮床可与人工湿地、湿塘等海绵设施进行协同布局与设计，并建议由多个较小的生态浮床布置构成较大浮岛湿地。

平面上，运用于河道时，应采用固定措施并置于河道两岸靠边位置，不影响通航功能（图 16-6）。

若置于湖面、池塘等平静水面时，应在形状上贴合水面形状，不破坏整体水面的景观效果。

布局应充分考虑驳岸与水体之间的过渡是否自然、合理，在硬质驳岸边的生态浮床可设置多个空间层级，实现硬质与软质景观的柔和过渡。

生态浮床设计灵活，可以为各种多功能设施提供支持，成为浮岛花园、浮河步道、漂浮农场等。

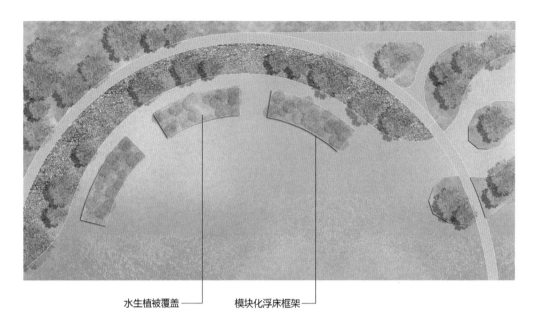

水生植被覆盖 ————— 模块化浮床框架 —————

图 16-6　生态浮床平面详图

16.3　结构与做法

16.3.1　生态浮床的设计原则

要根据不同的目标、气候水文条件、费用预算，进行生态浮床的设计，选择合适的类型、结构、材质和植物。即生态浮床的设计基于以下四条原则。

（1）因地制宜原则

在水体景观设计前要对水体状况有充分的了解，要根据水体的深度选择生态浮床的承载方式，根据水体的受污染情况选择有针对性的植物进行配置，保证景观效果的生态性。

（2）稳定耐久原则

正确选择浮床选材并在设计阶段考虑结构组合形式，使得浮床能抵抗一定的风浪、水流冲击，保证浮床景观的稳定可持续。

（3）植物为本原则

生态浮床应配合水生植物营造出具有视觉审美的景观效果，植物搭配上，以能较好适应当地生态环境的乡土植物为主，且注意搭配不同特性的植物营造出较为长久的景观效果，给人以愉悦的美感享受 (图 16-7)。

（4）经济便利原则

结合上述原则和设计条件，适当降低建造的成本，且在设计过程中就应考虑施工、运行、维护的便利性。

图 16-7　生态浮床应用效果图

（图片来源：https://www.biomatrixwater.com/floating-ecosystems/）

16.3.2　生态浮床的尺寸与单元模块

生态浮床采用单元式组合设计，由多个浮床单体组装而成（图 16-8），占水域空间可随需求控制，规模不宜过大，要谨慎控制浮床与原水域的面积比例，保持在 20% 左右时景观效果最佳。

每个单元模块边长可为 1～5m，但为了方便搬运和施工及耐久性等问题，一般采用 2～3m。为适应不同水生植物，植物株距一般从 3～30cm 可调。在形状方面，以四边形为多，但考虑到景观美观、结构稳固的因素，也有三角形及六边蜂巢型等（图 16-9）。

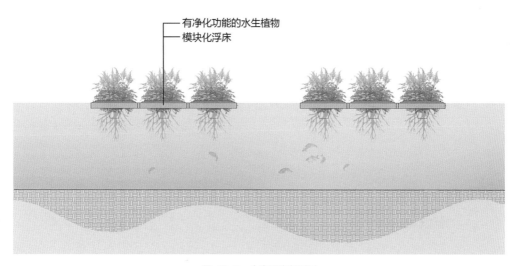

图 16-8　生态浮床剖面图

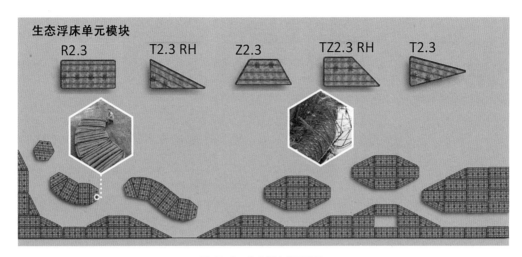

图 16-9　生态浮床单元模块

（图片来源：改译自 https://www.biomartixwater.com/floating-ecosystems/）

16.3.3　生态浮床的结构与固定方式

生态浮床的结构主要由浮床植物、浮床载体（框体、床体、基质）和水下固定设施组成。其中浮床载体主要包括塑料、泡沫、竹子和纤维等。而水下固定既要保证浮床不被风浪带走，还要保证在水位剧烈变动的情况下，能够缓冲浮床和浮床之间的相互碰撞，常用的固定设施有重物型、船锚型、桩基型等（图 16-10）。

（1）重物型

依靠水下重物的牵引作用来固定水面浮床，通过控制拉绳的长度能适应任何深度的水体。这种固定方式不受水底地质条件的限制，费用较低，基本不会对环境造成影响。

（2）船锚型

锚钩式的固定方法在实现固定和转移时都比较方便，控制拉绳的长度也可以在各

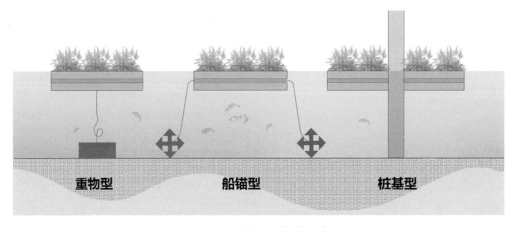

图 16-10　生态浮床的固定方式

种水深的条件下实现浮床的固定，但锚钩在水底固定时对水底环境有一定的要求。这种固定方式没有露出水面的部分，景观影响基本可以忽略。

（3）桩基型

通过插在浮床周围的桩基来固定水面浮岛，应用场景水深不能太大，且桩基顶端暴露于水面，对景观会造成一定的影响。但在水深较浅的情况下，这种固定方法非常方便。

16.4 景观因素考量

在前述的类型、规模、水深等量化指标的指导下，生态浮床的景观设计可在规划选址、平面布局形态和植被组合方面提出具体设计导则，提升城市景观空间的美学价值。

在滨水区域的景观营造中，生态浮床应该根据水景的应用场景进行设计。

（1）线状流动水系

① 主要考虑沿水系岸线设置浮床，形成硬质驳岸到水面的软性过渡。

② 人工河流的深度较浅，宽度较窄，因此生态浮床的面积不易过大，选择适当的水生植物进行点缀即可，过多的植物营造会弱化人工河流的存在感。

③ 在自然河流中，生态浮床应沿着岸线呈条状分布，植物的搭配应模拟自然环境，选择多种植物进行高低错落的有序种植，丰富景观层次。

④ 还可以根据污染状况设置多层次的横切水系流向浮床，利用高差和堤坝保证水力驻留时间，达到预定的净化效果。

（2）面状静态水体

① 重点在于水面浮床覆盖比例和水力驻留时间的确定。

② 设计中考虑在水面中设置形式多样的浮床，形成较为丰富的视觉层次和效果。

③ 可通过植物轮廓、线条、质感等营造不同的景观氛围（图16-11）。

图16-11 植物景观氛围营造

（图片来源：https://www.biomatrixwater.com/casestudies/case-studies/；http://www.biomatrixwater.com/bridgewater-basin-manchester/）

16.5 植物筛选与配置

植物种类的搭配是生态浮床净水成败的关键因素，其对于生态浮床的审美效果营造提供了最主要的灵感来源。合理搭配以生态浮床为载体的水生植物能够营造出良好的生境，并形成丰富的视觉审美。

16.5.1 植物选择与配置原则

植物是景观效果的主要视觉元素，植物搭配的合理性也是景观可持续的前提。首先生态浮床所用植物的选择应符合以下原则：

① 优先选用乡土水生植物，谨慎外来植物的引入，避免造成物种入侵；

② 选用氮、磷吸收能力强的耐污植物物种；

③ 选用适应水位变化的物种，确保雨季和旱季明显地区的浮床系统能稳定运行；

④ 选用不畏严寒的物种，保持寒冷地区和寒冷季节植物的活性和净水效果；

⑤ 选用根系较发达、茎叶较茂盛的物种，有助于生态系统内部循环；

⑥ 尽量使用多年生草本植物，以降低后期维护成本；

⑦ 所选植物较有美感，且水面植物的覆盖率以 20% 为最佳状态。

16.5.2 各类水生植物的景观效果

水生植物往往分为四类：挺水植物、沉水植物、浮水植物、漂浮植物。生态浮床的植物造景就是利用这四类植物的线条、色彩在空间营造上进行科学搭配，根据水域面积以及空间尺寸对水生植物的数量、种类以及组合方式进行选择，营造出互补的多层次景观效果（图 16-12、图 16-13）。

图 16-12 生态浮床植物配置示意图

（图片来源：左图译自 https://www.blumberg-engineers.com/en/ecotechnologies/more-ecotechnologies/floating-islands；右图 https://i.pinimg.com/564x/1c/e1/e0/1ce1e0d9a867d36365b39a3929e7ca1c.jpg）

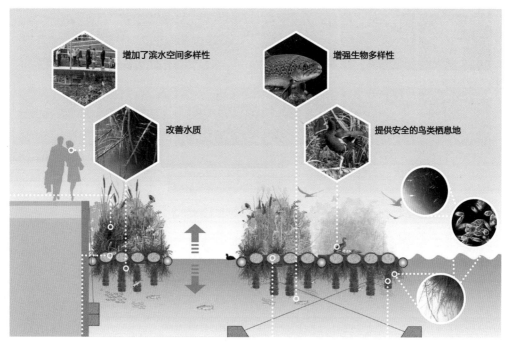

图 16-13　生态浮床的布置效果剖面图
（图片来源：译自 https://www.biomatrixwater.com/floating-ecosystems/）

挺水植物植株高大，茎叶形态优美，层次丰富，花色鲜艳，是水生植物色彩搭配的主要植物材料，可营造不同的景观氛围。如荷花与睡莲的组合能营造出宁静安详的景观氛围，而芦苇与芒草的组合则使景观环境充满了野趣。

浮水植物无地上茎或地上茎柔软无法直立，主要以浮于水面上的叶片形成景观效果，开花种类繁多，因此，浮水植物的观赏性以色彩为主。

漂浮植物外在形态类似浮水植物，但位置不定，随处漂流。一些漂浮植物繁殖能力很强，为了保证景观的稳定性，生态浮床在应用时需要框定范围。

沉水植物则整株沉于水面之下，只有花期时的花朵才浮出水面，在景观中运用很少，生态浮床应用难度也较大，设计中不予考虑。

16.5.3　适用于生态浮床的水生植物造景推荐

生态浮床结构稳定、范围有限，对植物种类的选择要求较普通的植物景观更为严格（图 16-14）。从审美的角度出发，在生态浮床中的植物选取上，仿原生的植物景观颇受欢迎，如湿地公园中可见的芦苇丛、芒草景观等。

芦苇植株高大，生态浮床范围有限，可应用纸莎草、香蒲等营造自然气息，配合水葵、旱伞草、水葱等较为低矮的常绿挺水植物构成主要景观。

若需要较艳丽的色彩，则可利用马蹄莲、黄菖蒲、再力花等进行点缀。

图 16-14　生态浮床植物种植示意图

　　浮水植物高矮程度相当，主要是叶形、花形的搭配，可用芡实、荇菜、水罂粟、田字萍等植物搭配组合。

　　漂浮植物则主要考虑两栖蓼、凤眼莲，但规模不宜过大，应注意避免其繁衍过快，应在浮床种植框的限制基础上适时打捞。

　　需要特别注意的是，湿地最常使用的美人蕉和千屈菜等植物的耐腐蚀性差，长期淹没在水中地下茎会出现腐烂，第二年植物停止生长，景观效果不佳。

16.6　运营与维护

　　与其他水处理方式相比，浮床更接近自然，具有更好的经济效益。浮床上栽种的植物美化了环境，和周围环境融为一体，成为新的景观亮点。但由于生态浮床大多是浮于水面上的，需要在水面上完成它的日常维护及管理，所以在设计阶段就应考虑生态浮床装置后期维护管理的便利性。

对生态浮床的状况和性能进行检查与评估包括以下内容。

（1）定期巡检评估植物是否存在疾病感染、长势不良等情况，当植被出现缺株或死亡时，应及时补种或替换植物，保证景观效果。

（2）注意对适应性强的物种做阶段性的管理。如，风车草太高会使浮床的受风面积增大，必须进行修剪处理，让其重新长小苗，才能使环境更为清新敞亮。

（3）对外来植物品种应进行适当的控制，定期检查其生长状况并及时处理。

（4）对结构固定系统进行定期的养护和修理，防止浮床营造过程中的漂移现象。

（5）检查单元拼装间的构件是否齐全，保证生态浮床装置的平稳，否则浮床容易沉，导致整个浮床完全报废，并造成二次污染。

17 渗管/渠/沟

17.1 设施概述

17.1.1 定义

渗管是具有雨水渗透、回补地下水功能的雨水管，是在传统雨水排放的基础上，将雨水管改为渗透管（穿孔管），或周围回填砾石，雨水通过埋设于地下的多孔管材向四周土层渗透。渗管由穿孔塑料管和碎砾石等材料组合而成。

渗渠是由无砂混凝土砂浆砌筑的地下暗渠，周围回填砾石，常设于硬质铺装下部，用以收集地面的雨水径流并下渗（图 17-1）。

渗沟是表面填充砂砾的浅沟，用于截除来自上游不渗透面积的径流。它们提供了储存容积和捕获径流的额外时间，使雨水径流渗入排水层或补充地下水（图 17-2）。

17.1.2 功能

渗管/渠/沟有较强的传输能力，在补充地下水、控制径流总量及污染等方面也有较高的能力，但是在集蓄利用雨水、消减峰值流量、净化雨水等方面稍显不足。对于污染物的去除率（以 SS 计）在 35%～70% 之间，建造和维护成本适中。

17.2 选址与布局

渗管/渠适用于建筑与小区、城市道路及公共绿地内传输流量较小的区域。

不适宜建设渗管/渠的区域有：

① 地下水位较高区域；

图 17-1 渗渠

（图片来源：https://www.bobvila.com/articles/french-drains-101/?bv=mr）

图 17-2 渗沟

（图片来源：刘颖圣 摄；https://www.pinterest.com/pin/487092515951862739/）

② 径流污染严重的地方；

③ 可能发生有毒物质泄漏的工业场所或地点；

④ 上游有不稳定土壤或施工活动的工地；

⑤ 易出现塌陷等不宜进行雨水渗透的区域（如雨水管渠位于机动车道下等）；

⑥ 距离建筑物基础小于 3m（水平距离）的区域。

17.3 结构与做法

渗管/渠/沟的典型结构详图见图 17-3，其详细设计要点如下。

（1）渗管/渠应设置植草沟、沉淀池等预处理设施，渗管或渗渠四周应填充砾石或其他多孔材料，砾石层外包透水土工布。渗管宜与渗井配合使用。

（2）渗渠的端部、转角和断面变换处应设置检查井。直线部分检查井的间距，应视渗渠的长度和断面尺寸而定，一般可采用 50m。

（3）渗渠的宽度和深度及坡度应根据过流能力经计算由设计人员确定，以满足排水要求。

（4）渗沟的底部宽度和蓄水深度应根据蓄渗容积经计算由设计人员确定。

（5）渗管可采用 PVC 穿孔管（图 17-4）、PE 渗排管、无砂混凝土管等材料制成，渗透管的管径不宜小于 150mm，塑料管的开孔率应控制在 1%～3%，无砂混凝土管的孔隙率不宜小于 20%。

（6）渗管或渗渠周边宜填充空隙率为 35%～45% 的砾石或其他多孔材料（图 17-5），

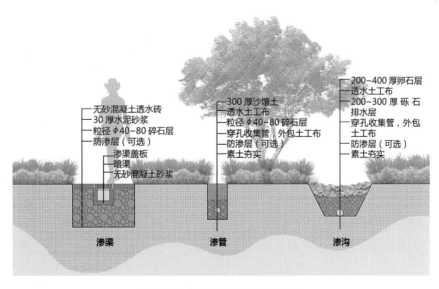

图 17-3 渗管/渠/沟典型构造详图

并采用厚度不小于1.2mm、单位面积质量不小于200g/m²的透水土工布与压实度92%左右的回填土隔离，土工布搭接宽度应不小于200mm。

（7）水流通过渗渠孔眼的流速，不应大于0.01m/s。渗渠中管渠的断面尺寸，宜采用下列数据通过计算确定：水流速度为0.5～0.8m/s，充满度为0.4，内径或短边不小于600mm。

（8）设计初期应进行预处理，以减少泥沙量的堆积影响渗管/渠效果。预处理是指在雨水径流固体悬浮物较多时，为减轻长期维护负担进行初步的雨水过滤。预处理对于所有海绵设施结构性都很重要，但对于雨水渗透尤为重要。为确保预处理机制的有效性，渗管/渠应设置植草沟、沉淀（砂）池、沉泥井等预处理设施。渗沟表面的碎石本身可提供预处理的作用（图17-6）。

（9）渗管/渠/沟的坡度应满足排水要求，宜采用1%～2%。

（10）渗管管沟设在车行路面下时覆土深度不应小于700mm。

（11）检查井之间的管道敷设坡度宜采用1%～2%。渗渠宜采用成品PE渗透式排水沟，开孔率不宜低于15%，深度和宽度宜为300～500mm。

（12）无砂混凝土渗渠孔隙率应大于20%，渗渠中的砂层渗透系数不应小于 5×10^{-4} m/s。渗沟沟底表面的土壤渗透系数不应小于 5×10^{-5} m/s。

（13）渗管组成的透水管道系统有泄压排水沟和拦截排水沟两种类型。泄洪口可用于降低地下水位，以改善植被的生长，或用于清除地表水。地下排水系统沿着斜坡安装（图17-7），并沿斜坡方向排水，以网格形式、人字形样式或随机样式安装。

图17-4 待安装的穿孔盲管
（图片来源：https://wiki.sustainabletechnologies.ca/wiki/Infiltration_trenches）

图17-5 选择石材样本时应注意大小和均匀度
（图片来源：https://wiki.sustainabletechnologies.ca/wiki/Infiltration_trenches）

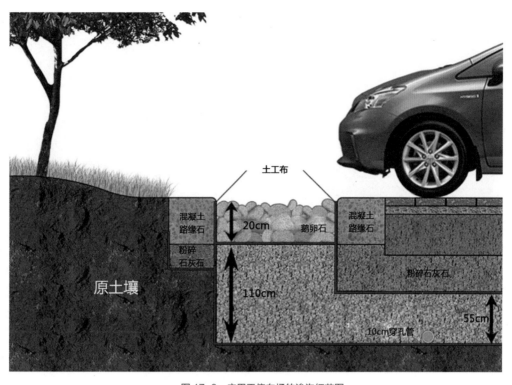

图 17-6　应用于停车场的渗沟细节图
（图片来源：译自 https://wiki.sustainabletechnologies.ca/wiki/Infiltration_trenches）

图 17-7　泄压排水沟（刘颖圣 摄）

（14）径流拦截式的渗管可在斜坡上渗水时除去水分，以防止土壤变得饱和易滑倒。它们安装在斜坡上，并将水排到斜坡的一侧。它们通常由单个管道或一系列管道组成，而不是图案化的布局。

（15）地下排水装置的出口应排入接收通道、沼泽或稳定的植被区域，以充分保护其免受侵蚀和破坏。

（16）渗管系统底标高宜高于地下水位 600mm 以上，若不足 600mm，底部应设置防渗膜。

（17）渗管设计细节：

①土壤。土壤渗透速率大于15mm/h。

②水位深度。若渗管组成的透水管道系统低于该区域季节性最高水位，将会排出地下水。在这种情况下，根据土

工织物本身的土质特性以及土工织物是否包裹着沟渠或管道，土壤会被输送到管道系统中，导致管道基础被破坏，排水系统结构被破坏。因此为了防止这种情况的发生，区域季节性最高水位回填土1m范围内，不应采用该透水管道系统。

③ 基岩的深度。基岩的深度应不小于穿孔管道存储介质底部以下1m，以确保足够的排水/水力潜力。

④ 蓄水量。最小蓄水量应为在发生了4小时5毫米降雨时，透水管道垫层/储存介质中容纳的径流最小蓄水量，并且不发生溢流。最大蓄水量应为在发生了4小时15毫米暴雨时，所产生的径流量。

⑤ 覆土结构。过滤储存垫层应在透水管道上方75～150mm深；由于没有利用管道倒挡上方的储存空间，所以在管道上方使用了浅层垫层；管道下垫层的深度取决于暴雨强度和当地的土壤材料。覆土的宽度可以根据管道的过滤速率、建议的透水管道长度和所需的入渗径流量来确定。

⑥ 渗管坡度。透水系统应采用合理的平坦边坡（0.5%），以促进渗水。

⑦ 透水管道垫层/储存介质。应选用直径不小于50mm的砾石作为透水管道垫层。透水管道系统应采用防渗圈，以确保排出的水不会沿着透水管道垫层流到出口。防渗圈的间距应根据土质的透气性和管坡的坡度来确定。

⑧ 管道的选择。由于波纹管更容易堵塞，且波纹管无法通过传统的下水道清洗，故建议使用光滑的（内部）透水管道过滤雨水。透水管道的最小直径应为200mm，以便于维护。

⑨ 土工布。虽然过滤网可以用来防止细小颗粒从天然材料进入管道系统，但过滤网也防止雨水中的细小颗粒渗入天然材料。因此，使用过滤短网可能会导致管道/网口堵塞，降低渗透管道系统的寿命。因此需要将土工布安装在管道垫层（滤层储存）与原生土壤之间，以防止原生材料堵塞滤层储存介质中的空隙。

（18）渗渠设计细节：

① 排水面积。小型排水地区（<2hm²）可采用渗水沟渠。将沟渠用于较大的排水区域是不合适的，因为在相对较小的土地区域内渗入大量的水会产生问题。随着渗透水量的增加，地下水堆积问题、压实和天然土壤材料的破坏问题更容易发生。另外，在自然水循环方面，大面积收集的雨水集中入渗不符合场地开发前雨水分布式入渗的特点。例如在一些绿地率较低的商业园区比较适合设置渗渠以解决场地的雨水问题（图17-8）。

② 地下水位高度。渗渠埋设应位于该区域季节性最高水位1m以上。

③ 基岩深度。基岩深度应为下渗沟底1m以下。

④ 土壤。当土壤的渗透速率小于15mm/h时，不宜使用渗渠。

⑤ 储存配置。储水层的深度应根据现场测定的渗滤率确定，以确保水24～48h 排除。

⑥ 最大储存容量。如果沟渠接受周边地块的径流，则应在沟槽储存介质中提供相当于 4 小时 15 毫米暴雨径流的最大存储容量。地沟的长度和宽度将由区域的特点（地形、大小和形状）决定。

图 17-8　景观化的渗渠融入场地的设计风格
（图片来源：https://www.pinterest.com/pin/31813716117
3035679/）

⑦ 如果设计了地面渗渠，渗渠的尺寸将取决于进水的路径。如果雨水以均匀的片流形式输送到沟槽中，则垂直于水流方向的沟槽长度应最大化。如果雨水以渠道流的形式输送，则应尽量增加与水流方向平行的沟渠长度。

⑧ 在地下沟渠中，水通过管道系统输送到沟渠中。在这种布置中，建议将沟槽长度（与进水管平行）与沟槽宽度之比最大化。这将促进水在储存层的均匀分布（图 17-9）。

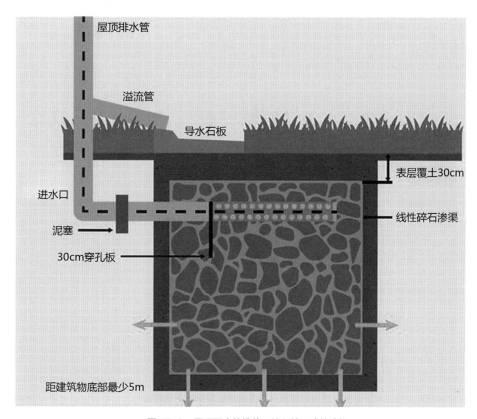

图 17-9　屋顶雨水的排放可接入地下式的渗渠
（图片来源：https://www.citywindsor.ca/residents/environment/climate-change-adaptation/climate-resil-
ient-home/Pages/Infiltration-Trench.aspx）

17.4　运营与维护

17.4.1　维护事项

渗管／渠对场地空间要求小，但建设费用较高，宜堵塞，维护较困难，其维护事项有以下几点。

（1）禁止在渗管及渗渠汇水区堆放黏性物、砂土或其他可能造成堵塞的物质；当农药、汽油等危险物质穿越汇水区时，应采用密闭容器包装，避免洒落，防止污染地下。

（2）进水口出现冲刷造成水土流失时，应设置碎石缓冲或采取其他防冲刷措施。

（3）设施内沉积物淤积导致调蓄能力或过流能力不足时，应及时清理沉淀物。

（4）当调蓄空间雨水的排空时间超过 36h 时，应及时置换填料。

（5）定期检查渗管和渗渠区域积水情况，如在降雨 24h 后无法完全下渗，应检查进出水口和控制系统是否有堵塞、淤塞沉积现象，若有应及时清理或维修。

（6）定期检查地下排水沟，以确保其畅通无阻且不会被沉积物堵塞，出口应保持清洁，无杂物，入口应保持畅通，无沉积物和其他杂物。

（7）定期清除渗渠及渗管上部表面的垃圾、落叶。

（8）渗渠内卵石或石笼应定期进行清洗，并按原设计恢复。

17.4.2　渗管／渠的维护频次（表 17-1）

渗管／渠的维护频次　　　　表 17-1

	日常	月	半年	一年	备注
垃圾、落叶清除	√				—
积水现象巡检			√		暴雨后
卵石或石笼清洗				√	按需

17.4.3　渗管清洗

下列三种雨水渠及渗滤污水收集系统的维修技术，可适用于渗管的维修；但是，需要根据实际情况进行进一步的监测，以确定它们的效力。

（1）冲洗。冲洗一般是用来清除沉积在管道内的物质。过滤器网可以用来防止细料从天然材料进入管道系统，但是这也可能导致管道／滤布接口堵塞。

（2）径向清洗。径向清洗在操作上与冲洗相似。在检修孔和下游端之间必须连接有穿孔的管道，并将其塞住或封上。水软管连接到穿孔管道的上游端，水从表面进入软管。因此穿孔的管道基本上是加压的，迫使水从孔中流出。如果管道本身有大量的泥沙沉积，可以在冲洗后进行径向清洗。

（3）喷射式冲洗。喷射式冲洗常用于堆填区的渗滤污水收集系统，以清洗有孔的收集管道。将一个加压的软管连接在一个末端喷嘴上，由喷嘴向各个方向排放水来清洁管道。

18 雨水储存设施

图 18-1 深圳某科技园 1000m³ 的地下蓄水模块（周广森 摄）

18.1 设施概述

18.1.1 定义

雨水储存设施是指通过雨水集蓄设备收集、储存、净化雨水后进行资源利用的设施。雨水储存设施的目的是收集和储存来自地表雨水径流或建筑落水管的雨水，一般配备前端弃流过滤沉砂井，后期雨水回用还会根据实际用途配备全自动过滤、紫外线消毒等净化设备。在海绵城市中发挥控制年径流总量、污染物去除和雨水资源化的作用。

18.1.2 功能

雨水储存设施主要功能是收集场地雨水径流，通过过滤消毒设备净化后的雨水可通过具体使用标准用于各项需求，常见功能可用于绿化浇灌、道路冲洗和厕所冲洗等。这种可持续的雨水资源回用，有效减少了自来水供水需求，创造了持续的经济效益。除此以外，大容量的 PP 模块蓄水设施能够有效减少场地雨水径流量，并削减雨水污染物（图 18-2）。

图 18-2　地下蓄水模块雨水回用系统用于喷灌、厕所冲洗
（图片来源：http://wd.tgnet.com/DiscussDetail/ 201509171177946852/1/）

图 18-3　室外雨水桶
（图片来源：http://dy.163.com/v2/article/detail/E3CLUT-520516ISUO.html）

图 18-4　地下混凝土蓄水池
（图片来源：http://www.water-damage-guide.com/water-damaged-basements.html）

图 18-5　镀锌钢地上雨水桶设备
（图片来源：https://lh3.googleusercontent.com/j3X6iVncNf-drY3bR5nslvQpvLnl3LG_bhvcdpSV8I6pY672D2g_X7vIHX-fqnsU2EbGkkdA=s114）

18.1.3　分类

常见的雨水储存设施根据设备容量、材料和使用定位不同，分为雨水桶/箱、蓄水池、蓄水模块蓄水池等常见形式（图 18-3～图 18-6）。

（1）地上雨水桶

优点：一体化厂家设计的产品，方便运输、安装、维修与维护；具有多样款式和颜色的涂层，搭配耐腐蚀的聚合物外壳，颜色可以与建筑及周边景观搭配，景观效果较好。

（2）地下混凝土集蓄设备

优点：隐藏储存设备，建设成本最低。

（3）蓄水模块蓄水池

优点：价格适中，容量上限最大，具有较强的荷载，达到 45t/m^2 以上属性。

图18-6　地下PP蓄水模块蓄水池（马少丁 摄）

18.2　选址与布局

雨水储存设备的选址与布局主要针对雨水收集量需求和回用需求两个方面来考虑。典型的雨水设施应放置在建筑屋面雨水收集系统或场地排水系统末端。因为雨水储存设施的尺寸、材料差别比较大，所以需要根据安放设施的位置和使用条件进行调整。评估雨水储存设施的选址与布局时要考虑以下几项内容。

①　雨水储存设施所需的占地面积（容积计算参照项目指标要求）。

②　雨水储存设施属于地上或者地下类型，如在室外地下应确认所挖掘深度，地下管线及地下车库空间容量是否冲突。

③　雨水储存设施安放预选位置需注意是否接近地下水。

④　需注意安放预选位置是否有施工以及其他设施搬迁等影响因素（如电力、下水道）。

⑤　设备安装应考虑覆土荷载，避免乔灌木及土壤重量过大产生破坏。

⑥　应考虑在检修方便的场地进行放置。

根据上述基础条件分析后可确定具体的雨水储存设施，如雨水桶和雨水箱具有优良外形，可以放置于地面，如地下没有限制可以选择建设大型的蓄水池，当地下条件限制较大时可以选择能够任意组合的地下蓄水模块。设施选择还应考虑以下几种情况。

①　对收集后的雨水资源回用是否有强制性出水水质指标要求。雨水水质要求不同，则所考虑的设施选择不同，对水质要求较高的雨水储存设施可选择一体化的PP地下蓄水模块。

② 成本要求同样限制设施的选择。1m³ 不同设施的单价浮动在 800～2500 元，其设施单价由低到高为：地下混凝土蓄水池＜蓄水箱＜蓄水桶＜模块化蓄水池。

③ 如何与管线连接。地下和地上与雨水管道衔接位置不同，设施选择也会受到限制。

18.3 结构与做法

（1）雨水控制容积一般按照径流总量控制计算公式来确定，根据国际标准，屋面雨水初期弃流厚度为 2～3mm，路面雨水初期弃流厚度为 3～5mm，绿地雨水初期无需考虑弃流。

（2）确定设计供水量和出水水质要求，满足《建筑与小区雨水控制及利用工程技术规范》GB 50400-2016 中的雨水回用水质要求：绿化浇灌 SS≤10mg/L，道路浇洒 SS≤10mg/L，景观补水 COD≤30mg/L，SS≤10mg/L，娱乐水景 COD≤20mg/L，SS≤5mg/L，车辆冲洗 COD≤30mg/L，SS≤5mg/L。

（3）前期注重弃流预处理措施，保证进入雨水储存设备的雨水得到很好的弃流截污，具备完整、合理、科学的整套雨水流程（图 18-7、图 18-8）。

（4）考虑系统控制对整个雨水流程的监控，可以做到对各水池液位、水泵、净化设备等有效控制，同时监控供水、排水和补水等情况。

图 18-7　地下蓄水模块主体安装（马少丁 摄）

图 18-8　典型地下蓄水模块设计的工艺流程图

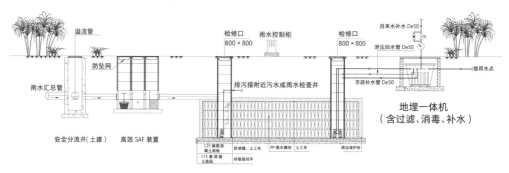

图 18-9　西咸新区沣河湿地公园地下蓄水模块设计
（图片来源：GVL 怡境国际设计集团）

（5）雨水回用系统装置为 PP 材质，内置机械弃流、截污网、溢流堰，有效拦截较大固体污染物的同时阻断小颗粒污染物，将初期雨水进行弃流，高效过滤前期雨水中的固体悬浮物。

（6）蓄水模块场地需要进行挖方及夯实密实度 90%，底部铺设钢筋混凝土双层双向搭筋底板，上面放置由土工膜包裹的蓄水模块，内置检修口和自动反冲洗装置。模块可以在面积、高度上进行多样变形，以适应不同的场地环境（图 18-9、图 18-10）。

（7）出水口设置地埋式处理设备间，包含全自动过滤、紫外线消毒和补水设备，外接雨水回用管道。

图 18-10　地下蓄水模块底板结构铺设防渗土工膜
（马少丁 摄）

18.4 运营与维护

雨水存储设施属于低维护系统，在运行中应注意用水安全和后期必要维护，包括以下几点内容。

（1）雨水供水管道与自来水分开，防止误接、误用、误饮，管道明确标注"雨水"标识。

（2）对排水进雨水集蓄设备的屋顶区域（每6个月）进行例行检查，确保屋顶区域相对没有碎片和树叶；屋顶排水沟应定期检查并在必要时清洗。

（3）每3～6个月清洗一次冲水设备，或每个雨季前至少进行一次产品维护，检查水泵是否都正常运行。

（4）至少每1～2年进行一次污泥池积存检查，如果污泥覆盖在箱体底部，影响其运行（即周期性复苏或降低库容），则应用虹吸管将其清除，从罐体中冲洗或完全清空罐体，可使用专业的反冲洗设备。

19 沉砂池

19.1 设施概述

19.1.1 定义

雨水在迁移、流动和汇集过程中不可避免会混入泥砂。沉砂池作为城市雨水管理海绵设施，与截水沟、沉淀池等共同组成多级过滤系统处理分散式污染地表雨水径流。具体通过砂、沸石、粉煤灰等滤料或土工布、微孔管等多孔介质以砂滤的方式截留去除雨水中的悬浮物质来达到径流污染控制目的（图 19-1）。原理类似于污水处理厂中的沉砂池，但是其表面负荷相对而言要小得多，实现雨天部分雨水经沉淀净化后，排入水体。

图 19-1 沉砂池的施工安装过程
（图片来源：Massachusetts Department of Environmental Protection.Massachusetts Stormwater Handbook[Z]. 1997）

19.1.2 功能

沉砂池的主要功能是在水进入下游处理系统（如人工湿地或生物滞留池）前，通过重力作用对水中污染物进行沉淀、过滤和吸附等预处理，截留并去除径流中粗颗粒。其对中粗型颗粒（通常大于 125μm）去除率达 70%～90%。

其次是控制或调节进入下游处理系统的流量，让雨水短暂停留并减缓流速。沉砂池的出口结构设计使雨水按设计流量进入下游处理系统，而多余的水流通过旁路绕过处理系统直接进入下游（例如溢洪道），从而保护下游处理系统免受极端高流量情况下的损害。

沉砂池的优点有：

① 协助净化雨水径流，节省后续净化成本；

② 避免造成城市排水管网堵塞和跑冒漾水；

③ 控制峰流量，减小雨水径流过大时对下游排水设施的负荷冲击；

④ 如果与丰富的景观结合，一个大型的沉淀池可以是一个美丽的水景；

⑤ 上部净化水可用于场地植物灌溉使用。

沉砂池的缺点有：

① 仅能将多数的杂物、藻类、部分油污等去除，并不能净化水体微生物；

② 系统易堵塞，使用的有效性依赖于频繁的检查维护；

③ 中高或较高的建造成本及维护成本；

④ 大型沉砂池如果没有草坪覆盖，在住宅区是不美观的。

19.2 选址与布局

沉砂池的选址与布局有以下要点。

（1）沉砂池一般适用于不透水面积率比较高的区域，如商业、住宅区（图 19-2）、工业区（图 19-3）等场所，住宅区的沉砂池布置位置可参考图 19-4。

（2）沉砂池适用于含有高总悬浮物、重金属及碳氢化合物等不宜渗透的排水区，如公路、车道、通道、停车场及城市地区。

图 19-2　住宅区沉砂池

（图片来源：https://lh3.googleusercontent.com/wepIUvWpsRWPzDQNQVJxqvZgMNUKhMdMtSD72B67h5063G9RXB8u-ZGwFTogtfZQfNuD8A=s108；https://lh3.googleusercontent.com/eOUOZoU7JLD-pfOYIibtoSyG7jEGrn_gDacWAI3tNZfRouURs61Rb6LIZXiqCxJVqJ1IhBg=s114）

图 19-3　超大型公路旁设置的沉砂池

（图片来源：https://lh3.googleusercontent.com/o2H_kKSjHkp0h0ns42tCOXAO6tOs8HQU4jajt3O6jDfdeeCbSwaKHtGRIDO8m84EiK1d=s118；https://lh3.googleusercontent.com/ihqQBFh2iXXAsKChZuGhd0uiyr36-PM59q0j3Zoi_ijJ9xGku-8yE0VZphmWcV3pqmgQcmg=s119）

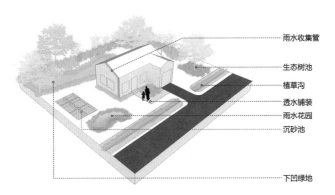

图 19-4 沉砂池住宅区布局示意图

（3）宜应用于空间比较紧张、建设场地不足及在地下安装使用的工程。

（4）也可应用于由于土壤、地下水位比较高不宜采用其他海绵设施的区域。

（5）不宜应用于有大量沉淀物及有机材料堆积的可导致滤砂层堵塞的渗透排水管道区域。

（6）沉砂池一般与植草沟等作为生物滞留池、渗管/渠等海绵设施的预处理设施。

（7）选择稳定的防渗的汇水区域，大型沉砂池面积可达 25hm^2。

（8）为避免造成对潜在的地下水污染，在高污染区及可能导致泥沙负荷的地区禁止使用可将雨水渗透到底土的沉砂池。

19.3 结构与做法

通常情况下沉砂池被构建成独立的系统，也可考虑构建成联合形式（图 19-5）。联合的沉砂池接收所有雨洪的上游来水，并对溢出的径流进行处理和输送。这些在线的系统对暴雨洪流进行存储及减速并对峰流量进行一定管控。

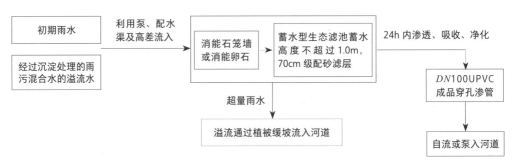

图 19-5 沉砂池处理流程图

19.3.1 组成与类型

沉砂池通常分两个组成部分（图 19-6），一是沉淀前池的预处理区，垃圾、残骸及粗砂砾石沉淀从而使径流平稳均匀地流入砂滤床；二是过滤细砂粒、泥沙和泥土的砂滤系统，过滤介质覆盖其上，雨水径流在介质内流过，在下部泻出并被收集，这里起到的过滤清洁的作用正是沉砂池用于雨水管理的目的。

根据砂滤系统径流排放的具体方式，沉砂池又可分为以下两种类型：一种是排水管道的沉砂池，一种是通过底土渗透的沉砂池。在这两种系统中污染物均会通过砂滤层被单独过滤掉，并被砂滤系统底部的一个水收集系统收集，最终通过排水道系统的排放管排出或通过底土渗透排出。且底土渗透的沉砂池可用于地下水的再利用。

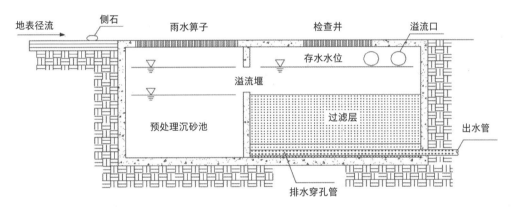

图 19-6　沉砂池结构示意图

（图片来源：中机国际工程设计研究院有限责任公司，湖南省气候中心，中航长沙设计院有限公司 . 长沙市低影响开发雨水控制利用系统设计技术导则（试行）[S]. 长沙：长沙市住房和城乡建设委员会，2016）

19.3.2 规模与尺寸

所有的沉砂池在设计时必须有足够的稳定性和容纳量，一般分两类体量规模。

（1）大型沉砂池。适合汇水面积 25～50hm²，其中包含一个沉淀用的预处理前池，而砂滤床部分可以用表层土和草本植被覆盖其表面，用于管道水泄洪的水流。

（2）小型沉砂池。一般适用于地下的不透水汇水面积约 2hm² 的区域，通常用于管道排水系统。其具体的设计参数如下：

① 为有效地利用体积（最小化循环），长宽比最小控制在 3∶1 或 5∶1；

② 排砂管直径不应小于 200mm；

③ 沉砂池的超高不宜小于 0.3m；

④ 不建议在施工阶段使用沉砂池对沉淀物进行控制，然而当无法避免时，对沉砂池的开槽应至少高于最终设计沉砂池底部 0.61m 以上。

19.3.3 沉砂池设计标准与注意事项

（1）预处理沉淀前池设计标准

预处理区可以放缓流速和过滤粗的沉积物，从而延长系统功能寿命并增强对污染物的清除能力。且沉淀前池可以是土制、石制或混凝土制成的，但它们都必须符合下列要求：

① 前池的设计应阻止并接收径流，并应有足够的存储量来保证径流的雨水不会外溢；

② 为了限制直接水流，应在其下端使用垒石，防止水流对泥沙的冲击；

③ 前池应提供流量 10% 的最小存储量，前池的尺寸应满足沉淀物的存储量并达到清除的目的；

④ 前池表面部分必须满足或超出用于保护管道出口孔的尺寸；

⑤ 推荐的最小表面积（单位：m^2）=1.617× 流量（单位：m^3/s）；

⑥ 如果使用的是混凝土的前池，它至少有两个便于低水位排水的排水口，应保证上游排水区的径流必须稳定且优先通过沉砂池；

⑦ 前池应可以在 9h 内完全排干水以便进行维护保养，同时应注意预防蚊虫滋生；

⑧ 任何情况下径流在沉淀后 72h 内前池不应有积水。

（2）沉砂池设计标准

沉砂池的设计与径流总悬浮物去除的清除率直接相关，过滤砂层的厚度及特性必须满足清除污染物的要求。

1）砂层要求

① 砂层最小厚度：457mm。

② 砂滤层的顶层（50～100mm）要可以拆卸和更换。

③ 砂层上端最大存储量：610mm。

④ 一般将砂作为滤料，滤料的选择应根据天然砂场供应砂的情况来进行现场检测与确定。

⑤ 砂必须为符合清洁标准的中颗粒骨料混凝土砂。

⑥ 砂层的最大设计渗透率为 50mm/h，必须在安装前进行验证。

⑦ 当使用 50mm/h 的渗透率时，排水时间必须为 36h。

2）石堆层要求

① 此层厚应介于 2.5～5.1mm 之间；

② 用于此层的石头必须是符合清洁标准的粗骨料。

3）渗透性要求

沉砂池的实际性能取决于流入沉积物（例如分级）所经过的流域地质及土壤类型。

以下标准适用于砂层、石堆层、底土及系统中设计的可选植物的表层土的渗透率。鉴于土壤测试结果的不同并随时间而减少会改变实际的渗透率，测试渗透率的1/2定义为设计渗透率。例如，如果测试的渗透率为 0.1021m/h，则设计的渗透率为0.051m/h。

① 砂层设计的最大渗透速率是 0.051m/h，安装前需要对此进行验证。

② 采用 0.051m/h 的渗透速率时，应采用 36h 的设计排水时间。

③ 当沉砂池及其排水区域均稳定后，砂层的渗透率必须进行重新测试，以确保设计的渗透率与竣工后的渗透率相同。

（3）排水结构设计标准

过滤系统的设计中包含排水结构，排水结构应避免被设计成液压控制系统且需要符合下列标准。

① 采用刚性结构，耐久性及防腐蚀材料。

② 清洁架必须安装在排水结构的入口处。

③ 当标高低于过滤层时，双杆间距为 25mm。

④ 当杆高超过过滤层时，最小杆间距为 25mm。

⑤ 最大杆间距：孔口直径的 1/3 或坝宽的 1/3，最大不得超过 150mm。

（4）注意事项

① 如果条件允许，水池的开槽和沙子的施工应由放置在水池底部以外的施工设备实施。若情况不允许，则需要使用安装大型轮胎或履带的设备。

② 只有排水区域已经完成并在很稳定的情况下才可以实施对沉砂池底部的开槽。如果沉砂池的施工不可被推迟，应在沉砂池周边放置排水沟，分流从过滤处流出的水。直到排水区域所有工程完成及稳定下来之后方可拆除排水沟。

③ 当开槽完成后，沉砂池的基底必须使用旋转式翻土机或圆盘耙对砂滤池的底部进行深翻，并进行平整。

19.4　运营与维护

常规而有效的维护保养对于保证沉砂池的性能至关重要，并与所有的海绵设施的维护保养计划相关联。

19.4.1 维修检查事项

在各大暴雨活动期间定期进行监测，包括：

① 确保入口防冲刷和消能结构能正常运行；

② 积水沉积物是否堵塞过滤介质；

③ 泥沙沉淀前池的深度；

④ 排水穿孔管出口是否被堵塞。

19.4.2 常见的日常维护任务

（1）一般维护

① 每年至少对所有的构成部件的破裂、下沉、剥落、腐蚀及老化情况进行一次检查；

② 每年至少对用于过滤的组成部件的堵塞情况进行两次检查；

③ 及时去除水中沉积的泥沙；

④ 砂滤层表面应定期清除沉积物和任何杂物，以改善渗透；

⑤ 应在所有雨水排尽后且砂床处于干燥状态时，进行清理沉积物和垃圾等的操作；

⑥ 废弃的沙子和沉积物等废料，必须在适当的处理/回收场所，根据当地或国家的规定进行处理。

（2）沉砂池植被区维护

① 表面有植被的沉砂池砂滤系统，在种植和恢复种植时要每两周检查一次；

② 为保证植被的景观效果，在植物的生长季节和非生长季节应至少各做一次检查；

③ 对植被的检查应包括对其生长健康状态、种植密度及多样性的评估；

④ 应根据所在场所的实际情况，制定并实施植物的维护修剪日程表。

（3）沉砂池砂滤区维护

① 在设计和施工良好，且沉淀前池运行良好的情况下，砂滤层滤料可长期使用；

② 每年至少对砂滤层进行两次检查，以确保其渗透性；

③ 在维护时，应着重注意观察砂层顶层过滤层是否有杂质，若有，应及时去除；

④ 如果沉砂池 72h 内不能排水，则必须要更换砂层顶层过滤层；

⑤ 使用时间较长时，也需要更换砂层顶层过滤层，且维护计划中应标明预期更换频率；

⑥ 如果实际的排水时间与设计的排水时间存在明显差异，必须用液压控制部件进行恰当的评估及测试，以便将沉砂池的最大和最小排水时间恢复到要求值。

参考文献

［1］阿肯色大学社区设计中心（UACDC）. LID 海绵城市设计低影响开发城区设计手册 [M]. 南京：江苏科学技术出版社，2017.

［2］巴尔波. 海绵城市 [M]. 薛帕尔德，英译. 夏国祥，中译. 桂林：广西师范大学出版社，2015.

［3］北京清控人居环境研究院有限公司，青岛市市政工程设计研究院有限责任公司. 青岛市海绵城市规划设计导则 [S]. 青岛：青岛市城乡建设委员会，2016.

［4］北京市建筑设计研究院有限公司，北京市市政工程设计研究总院，北京市水科学技术研究院. 雨水控制与利用工程设计规范 DB116852013[S]. 北京：北京市规划委员会，北京市质量技术监督局，2013.

［5］北京市园林科学研究所. 屋顶绿化规范 DB11/T 281–2005[S]. 北京：北京市质量技术监督局，2005.

［6］BAIRD D C, FOTHERBY L, KLUMPP C C, et al. Bank Stabilization Design Guidelines, Report No. SRH–2015–25[S]. Denver: U. S. Department of the Interior Bureau of Reclamation Technical Service Center, 2015.

［7］BRADFORD A, GIANNETAS C. Stormwater Management Planning and Design Manual[Z]. Ontario Ministry: Ontario Ministry of the Environment, 2003.

［8］BOBRIN J, BOWMAN A, CAHILL T, et al. Low Impact Development Manual for Michigan[R]. Michigan: Southeast Michigan Council of Governments Information Center, 2008.

［9］重庆市市政设计研究院，重庆市规划设计研究院. 重庆市海绵城市规划与设计导则（试行）[S]. 重庆：重庆市城乡建设委员会，重庆市规划局，2016.

［10］Center for Watershed Protction Tetra Tech Inc. Stormwater Wet Pond and Wetland Management Guidebook[Z]. Washington D. C.: United States Environmental Protection Agency, 2009.

［11］County of Los Angeles Department of Public Works. Los Angeles County BMP Design Criteria[Z]. Michigan: Michigan Department of Environmental, 2010.

［12］德赖赛特尔，格劳. 水敏性创新设计 [M]. 高枫，译. 沈阳：辽宁科学技术出版社，2014.

［13］邓尼特，克莱登. 雨水园——园林景观设计中雨水资源的可持续利用与管理 [M]. 周湛曦，孔晓强，译. 北京：中国建筑工业出版社，2011.

［14］丁爱中，郑蕾，刘钢. 河流生态修复理论与方法 [M]. 北京：中国水利水电出版社，2011.

［15］佛山市国土资源和城乡规划局. 佛山市海绵城市规划导则（试行）[S]. 佛山：佛山市人民政府办公室，2016.

［16］戈德温. 雨水花园 [M]. 南京：江苏凤凰科学技术出版社，2017.

［17］广州市公园协会，广州市市政园林局，广州园林建筑规划设计院. 广州市城市公园规划与设计规范 DBJ440100/T 23-2009[S]. 广州：广州市质量技术监督局，2009.

［18］广州市国土资源和规划委员会. 广州市海绵城市专项规划（2016-2030）[Z]. 2017.

［19］广州市林业和园林局，广州园林建筑规划设计研究总院. 广州市海绵城市绿地建设指引 [S]. 2017.

［20］广州市林业和园林局. 广州市海绵城市工程施工与质量验收指引（园林绿化）[S]. 广州：广州市林业和园林局，2019.

［21］广州市市政工程设计研究总院有限公司. 广州市海绵型道路建设技术指引（试行）[S]. 广州：广州市交通运输局，2019.

［22］广州市水务规划勘测设计研究院. 广州市海绵城市规划设计导则——低影响开发雨水系统构建（试行）[S]. 广州：广州市水务局，广州市住房和城乡建设委员会，广州市国土资源和规划委员会，广州市林业和园林局，2017.

［23］广州市水务规划勘测设计研究院. 广州市海绵城市建设技术指引及标准图集（试行）[S]. 广州：广州市水务局，2017.

［24］广州市园林科学研究所. 屋顶绿化技术规范 DB4401/T 23-2019[S]. 广州：广州市质量技术监督局，2020.

［25］国家林业局湿地研究中心. 国家湿地公园建设规范 LY/T 1755-2008[S]. 北京：国家林业局，2008.

［26］GVL 怡境国际设计集团，闾邱杰. 海绵城市设计图解 [M]. 南京：江苏凤凰科学技术出版社，2017.

［27］河北省住房和城乡建设厅城建处. 河北省海绵城市规划建设专篇编制指南 [M]. 北京：中国建材工业出版社，2016.

［28］河南省农业科学院，河南希芳阁绿化工程有限公司. 屋顶绿化技术规范 DB 41/T 796-2013[S]. 郑州：河南省质量技术监督局，2013.

［29］湖南省建筑设计院有限公司. 长沙市居住小区海绵城市建设设计导则（试行）[S]. 长沙：长沙市住房和城乡建设委员会，2017.

［30］怀特. 雨水公园：雨水管理在景观设计中的应用 [M]. 张光磊，张瑞莉，译. 桂林：广西师范大学出版社，2015.

［31］黄民生，陈振楼. 城市内河污染治理与生态修复：理论、方法与实践 [M]. 北京：科学出版社，2010.

［32］HINMAN C. Rain Garden Handbook for Western Washington[Z]. Washington D. C. Washington State University Extension, 2013.

［33］江苏省住房和城乡建设厅，江苏省城市规划设计研究院. 江苏省公园绿地海绵技术应用导则 [M]. 南京：东南大学出版社，2018.

［34］《景观设计》编辑部. 景观设计 1 屋顶绿化和社区花园 [M]. 吴梅，等，译. 北京：中国轻工业出版社，2002.

［35］KAUTZ H M, AULL J A, BARNES R C, et al. Engineering Field Handbook[Z]. Washington D. C.: United States Department of Agriculture, 2008.

［36］莱瓦里奥. 雨水设计——雨水收集·贮存·中水回用 [M]. 吴俊奇，译. 北京：中国建筑工业出版社，2011.

［37］刘颖圣，刘文苑，间邱杰. 浅谈栽培基质和植物在华南地区轻型绿色屋顶中的选择及应用 [J]. 现代园艺，2019（22）：125-127.

［38］卢斯，维莱特. 绿道与雨洪管理 [M]. 藩潇潇，译. 桂林：广西师范大学出版社，2016.

［39］美国国家城市交通官员协会. 雨洪管理街道设计指南 [M]. 杨雪，刘德聚，译. 南京：江苏凤凰科学技术出版社，2019.

［40］蒙小英，刘砾莎，邹裕波. 基于生态认知的校园雨水花园设计 [J]. 风景园林，2018，25（7）：95-100.

［41］MADDEN A, KELLEY S, HARRIS L, et al. Low lmpact Development Approaches Handbook[M]. Oregon: Clean Water Services, 2009.

［42］Mancini M, Mikhailova O, Hime W, et al. Aesthetically Enhanced Detention and Water Quality Ponds [Z]. 2010.

［43］Massachusetts Department of Environmental Protection. Massachusetts Stormwater Handbook. [Z]. 1997.

［44］New Jersey Department of Environmental Protection Division of Watershed Management. New Jersey Stormwater Best Management Practices Manual[Z]. New Jersey: Department of Environmental Protection, 2004.

［45］OTTO B, MCCORMICK K, LECCESE M. Ecological Riverfront Design: Restoring Rivers, Connecting Communities[Z]. APA Planning Advisory Service, 2004.

[46] 陕西省西咸新区规划局，深圳市城市规划设计研究院有限公司. 西咸新区海绵城市建设规划设计技术导则 [S]. 西安：陕西省西咸新区开发建设管理委员会，2016.

[47] 上海市绿化和市容管理局，上海市规划和国土资源管理局. 立体绿化技术规程 DG/TJ08-75[S]. 上海：上海市城乡建设和管理委员会，2014.

[48] 上海市政工程设计研究总院（集团）有限公司. 上海市海绵城市建设技术导则 [S]. 上海：上海市住房和城乡建设管理委员会，2016.

[49] 上海市政工程设计研究总院（集团）有限公司. 珠海市海绵城市建设技术标准图集 [S]. 珠海：珠海市人民政府，2016.

[50] 深圳市城市管理局，深圳市北林苑景观及建筑规划设计院有限公司，深圳市中国科学院仙湖植物园. 深圳市海绵型公园绿地建设指引 [M]. 深圳：深圳市城市管理局，深圳市林业局，[发表年份不详].

[51] 深圳市城市规划设计研究院有限公司. 光明新区海绵城市规划设计导则（试行）[S]. 深圳：光明新区海绵城市建设实施工作领导小组办公室，2018.

[52] 深圳市海绵城市设计标准图集 SZDB/Z xx-2018[S]. 深圳：深圳市市场监督管理局，2018.

[53] 深圳市海绵城市规划要点与审批细则 [S]. 深圳：深圳市规划和国土资源委员会，2016.

[54] 深圳市海绵型道路建设技术指引（试行）[S]. 深圳市交通运输委员会，2018.

[55] 深圳市节约用水办公室，深圳市城市规划设计研究院有限公司. 海绵城市建设项目施工、运行维护技术规程 DB4403/T 25-2019[S]. 深圳：深圳市市场监督管理局.

[56] 深圳市节约用水办公室，深圳市政工程中南设计研究总院有限公司，美国 Low Impact Development Center. 深圳市低影响开发雨水综合利用技术规范 SZDB/Z 145-2015[S]. 深圳：深圳市市场监督管理局，2015.

[57] 斯蓝尼. 海绵城市基础设施：雨洪管理手册 [M]. 潘潇潇，译. 桂林：广西师范大学出版社，2017.

[58] 斯诺格拉斯. 屋顶绿化 植物资源与种植指南 [M]. 武汉：华中科技大学出版社，2013.

[59] 斯特拉帕佐. 景观实录 Vol. 1（2015. 02）景观设计中的雨水管理汉英对照 [M]. 李婵，译. 沈阳：辽宁科学技术出版社，2015.

[60] SCHIFF R. Guidelines for Naturalized River Channel Design and Bank Stabilization NHDES-R-WD-06-37[S]. New Hampshire: New Hampshire Department of Environmental Services, New Hampshire Department of Transportation, 2007.

［61］唐金忠，温明. 海绵城市中湿塘湿地与河道协同设计探讨 [J]. 上海水务，2016（4）：9-13.

［62］Tennessee Department of Environment and Conservation Division of Water Resources, University of Tennessee, et al. Tennessee Permanent Stormwater Management and Design Guidance Manual[Z]. 2014.

［63］Unified Facilities Criteria (UFC). Low Impact Development Manual[Z].2010.

［64］王红兵，胡永红. 屋顶花园与绿化技术 [M]. 北京：中国建筑工业出版社，2017.

［65］肖楚田，肖克炎，李林. 水体净化与景观：水生植物工程应用 [M]. 南京：江苏科学技术出版社，2013.

［66］杨海军，李永祥. 河流生态修复的理论与技术 [M]. 长春：吉林科学技术出版社，2005.

［67］殷丽峰，李树华. 日本屋顶花园技术 [J]. 中国园林，2005（5）：62-66.

［68］俞孔坚，张锦，等. 海绵城市城市景观工程图集 [M]. 北京：中国建筑工业出版社，2017.

［69］俞孔坚. 海绵城市——理论与实践 [M]. 北京：中国建筑工业出版社，2016.

［70］章林伟. 海绵城市建设典型案例 [M]. 北京：中国建筑工业出版社，2017.

［71］中国 21 世纪议程管理中心，北京大学环境工程研究所. 城市河流生态修复手册 [M]. 北京：社会科学文献出版社，2008.

［72］中国城市科学研究会. 中国绿色建筑 2017[M]. 北京：中国建筑工业出版社，2017.

［73］中国建筑标准设计研究院. 国家建筑标准设计图集 城市道路与开放空间低影响开发雨水设施 15MR105[S]. 北京：中国计划出版社，2016.

［74］中国市政工程华北设计研究总院有限公司，天津创业环保集团股份有限公司，北京城市排水集团有限责任公司，等. 城市污水再生利用景观环境用水水质 GB/T 18921-2019 [S]. 北京：国家市场监督管理总局，中国国家标准化管理委员会，2019.

［75］中国市政工程中南市政设计研究总院有限公司. 三亚市海绵城市规划设计导则（试行）[S]. 三亚：三亚市规划局，2016.

［76］中华人民共和国住房和城乡建设部，中华人民共和国国家质量监督检验检疫总局. 城市绿地设计规范 GB 50420-2007[S]. 北京：中国计划出版社，2007.

［77］中华人民共和国住房和城乡建设部. 海绵城市建设评价标准 GB/T 51345-2018[S]. 北京：中国建筑工业出版社，2018.

［78］中机国际工程设计研究院有限责任公司，湖南省气候中心，中航长沙设计院有限公司．长沙市低影响开发雨水控制利用系统设计技术导则（试行）[S]．长沙：长沙市住房和城乡建设委员会，2016．

［79］珠海市规划设计研究院，珠海市城科国际宜居城市研究中心．珠海市海绵城市规划设计标准与导则 [S]．珠海：珠海市住房和城乡规划建设局，2017．

［80］住房和城乡建设部城市建设司．海绵城市建设技术指南——低影响开发雨水系统构建 [M]．北京：中国建筑工业出版社，2015．